高等职业教育水利类“十三五”系列教材

海绵城市理念与关键技术

主　编　冯　峰　靳晓颖
副主编　刘　翠　王宏涛　张　芳

中国水利水电出版社
www.waterpub.com.cn
·北京·

内 容 提 要

本书系统介绍了海绵城市的理念和关键技术，全书共分为4个项目，包括海绵城市基本理念、海绵城市关键技术、中观尺度海绵城市案例、微观尺度海绵细胞案例。

本书可作为高职高专、成人高校和应用型本科城市水利、水务工程、水务管理、生态修复和水利工程专业的通用教材，也可作为其他相近专业的教学参考书，还可供有关工程技术人员参考。

图书在版编目（CIP）数据

海绵城市理念与关键技术 / 冯峰，靳晓颖主编. -- 北京 : 中国水利水电出版社，2019.12(2025.1重印).
高等职业教育水利类“十三五”系列教材
ISBN 978-7-5170-7850-0

Ⅰ. ①海… Ⅱ. ①冯… ②靳… Ⅲ. ①城市建设—高等职业教育—教材 Ⅳ. ①TU984

中国版本图书馆CIP数据核字(2019)第150141号

书　名	高等职业教育水利类“十三五”系列教材 **海绵城市理念与关键技术** HAIMIAN CHENGSHI LINIAN YU GUANJIAN JISHU
作　者	主　编　冯　峰　靳晓颖 副主编　刘　翠　王宏涛　张　芳
出版发行	中国水利水电出版社 （北京市海淀区玉渊潭南路1号D座　100038） 网址：www.waterpub.com.cn E-mail：sales@mwr.gov.cn 电话：(010) 68545888（营销中心）
经　售	北京科水图书销售有限公司 电话：(010) 68545874、63202643 全国各地新华书店和相关出版物销售网点
排　版	中国水利水电出版社微机排版中心
印　刷	清淞永业（天津）印刷有限公司
规　格	184mm×260mm　16开本　10.75印张　262千字
版　次	2019年12月第1版　2025年1月第3次印刷
印　数	2701—5200册
定　价	**42.00**元

凡购买我社图书，如有缺页、倒页、脱页的，本社营销中心负责调换

前 言

本书是根据《国务院关于大力发展职业教育的决定》、教育部《关于加强高职高专教育人才培养工作的意见》《关于全面提高高等职业教育教学质量的若干意见》等文件精神，结合高职高专教学改革的实践经验和教学经验编写的。编写过程中充分考虑了教材的专业适用性，以及城市水利、水务工程、水务管理、生态修复和水利工程专业发展的需要，广泛征求了相关企业和用人单位对本专业学生的专业知识和能力素质要求，并吸收了海绵城市工程建设领域的最新理念以及材料、技术、工艺的最新成果和进展。

为了体现高等职业技术教育的特点，同时考虑到高职高专学生的特点及培养目标的要求，本书具有如下特点：

(1) 按“项目导向，能力递进”的教学模式，进行课程项目化建设。课程开发以项目为载体，把岗位职业能力所需要的知识、技能和素质融入教学情景之中，以岗位能力培养为主线，按人才的递进式成长特点，构建基本素质、专业技能和岗位能力兼备的课程体系。实现人才培养的实践性、开放性和职业性，体现工学结合、理实一体。教材编写以学生能力培养为主线，体现出实用性、实践性、创新性。通过学习使学生不断提高思考问题、解决问题的能力以及动手能力。

(2) 突出教材的实用性和系统性，加强了基本原理及计算公式的应用条件，弱化了理论叙述，减少了烦琐的公式推导过程，文字简练，通俗易懂；引入了大量海绵城市不同尺度的实际案例，以利于学生扩展思维，举一反三，提高应用能力。内容上以“从理论到案例”为主线将4个项目进行串联，学习情景不断变化，知识程度循序渐进，由浅入深，并全部采用了国家和行业的新标准、新规范。

(3) 注重教材的校企合作、工学结合。在教材的编写过程中，广泛听取了相关水利单位和企业对学生职业能力的要求，将理论知识和技能训练融入项目。课程内容不仅注重专业知识，更注重工学结合。每个项目都是构成课程的主体，将其设计成以生产过程为主线带动理论学习与技能学习的任务驱动模型，利用生产项目激发学生的学习动力，通过理论学习获得专业知识，通过相关实训项目的锻炼提高技能水平、综合动手能力和团队协作能力。

（4）培养学生的自学能力和创新能力。每个项目的前面都有教学目标、学习目标，每个单元都有单元导航、单元解析、单元探索等内容，有利于学生有的放矢，掌握学习重点。项目后面都附有项目练习，有利于学生自我测试，进一步理解、掌握和巩固本项目的专业知识。

本书编写人员及编写分工如下：冯峰博士编写项目 1；刘翠、靳晓颖老师编写项目 2；王宏涛博士、张芳博士编写项目 3 和项目 4。全书由冯峰主编并统稿。本教材的编写，得到了陶永霞教授和王勤香教授的大力帮助和指导，在此表示衷心的谢意。编写过程中参考和借鉴了有关教材和科技文献资料的内容，在此一并表示感谢。

由于编者水平有限，书中难免存在缺点和疏漏，恳请各位专家、同行和广大读者批评指正。

编者

2019 年 6 月

目录

前言

项目1 海绵城市基本理念 …… 1

单元1.1 海绵城市的概念 …… 1

单元1.2 海绵城市的功能和效益 …… 12

单元1.3 我国海绵城市设计理念 …… 23

项目2 海绵城市建设的关键技术 …… 30

单元2.1 透水铺装 …… 30

单元2.2 雨水花园 …… 46

单元2.3 绿色屋顶 …… 60

单元2.4 下沉式绿地 …… 68

单元2.5 水生植物 …… 71

单元2.6 城市道路排水系统 …… 75

项目3 中观尺度海绵城市建设技术 …… 82

单元3.1 中观尺度海绵城市建设内容 …… 82

单元3.2 中观尺度海绵城市规划建设技术 …… 86

单元3.3 中观尺度海绵城市建设管理技术 …… 100

单元3.4 中观尺度海绵城市建设技术——以北京市为例 …… 102

项目4 微观尺度海绵细胞关键技术 …… 119

单元4.1 家庭海绵技术 …… 120

单元4.2 绿色屋顶技术 …… 124

单元4.3 透水砖铺技术 …… 125

单元4.4 下沉式绿地技术 …… 127

单元4.5 雨水花园技术 …… 130

单元4.6 城市雨洪管理滞蓄技术 …… 134

单元4.7 与洪水为友技术 …… 138

单元4.8 加强人工湿地净化技术 …… 141

单元4.9 “污水”到“肥水”技术 …… 149

单元4.10 生态系统服务仿生修复技术 …… 152

单元4.11 水岸生物技术 …… 156

单元4.12 最少干预技术 …… 160

参考文献 …… 165

项目1　海绵城市基本理念

【教学目标】

通过本项目的学习，使学生能够掌握海绵城市的基本理念和设计思路，掌握海绵城市的概念、功能和产生的效益，理解海绵城市的低影响开发（LID）的主要原则和设计过程，了解海绵城市设计的基本原则、开发背景和发展前景，为后续的案例分析、项目教学奠定理论基础。

【学习目标】

学习单元	能力目标	知识点
单元1.1	掌握海绵城市、低影响开发的基本概念和设计理念，了解我国海绵城市建设情况及发展趋势	海绵城市的概念； 低影响开发的概念； 海绵城市的理念
单元1.2	掌握海绵城市建设的功能，了解海绵城市产生的经济效益、生态效益和社会效益	海绵城市的功能； 海绵城市的各种效益
单元1.3	掌握我国海绵城市设计理念。掌握海绵城市设计的基本原则，了解海绵城市设计的特点	我国海绵城市设计的理念； “渗、滞、蓄、净、用、排”关键技术在具体建设措施中的体现

单元1.1　海绵城市的概念

【单元导航】

问题1：我国为什么要进行海绵城市建设？

问题2：海绵城市的概念是什么？

问题3：什么叫低影响开发？

问题4：低影响开发的内涵都包括哪几个方面？

问题5：下沉式绿地都有哪些用途？

问题6：海绵城市概念的发展过程是什么？

【单元解析】

1.1.1　海绵城市建设背景

1.1.1.1　我国城市水生态问题突出

改革开放以来，中国城镇化进程发展迅速。以城镇人口比例统计，1981年中国城镇化率仅为20.16%，而2015年达到了56.10%；与此同时，城市建成区范围也快速扩张，由1981年的7438km^2增长至2015年的5.21万km^2。目前，中国环渤海、长三角和珠三角形成了世界级城市群，其他地区也形成了一批具有重要影响的区域性城市群，2015年底全国共有建制市近656座，建制镇接近2万个。过去30年来，中国城镇化对于推动经济社会现代化起到了至关重要的作用，但由于粗放的城市发展模式，导致“城市病”十分突出，产生了一系列严重的资源、环境问题。主要表现在三大方面：一是城镇化进程中河湖水系格局和微地形变化，河湖调蓄能力降低，城市洪涝灾害频发；二是城市污染物排放负荷超过了河湖水环境承载能力，产生了水环境、水生态恶化问题，并加剧了水资源短缺；三是水资源供需压力日趋明显，城市水资源短缺问题普遍，全国有400余座城市缺水。这三大方面的城市水问题交织在一起，成为影响城市公共安全和人居环境的突出问题，严重制约了中国城市的可持续发展。针对中国城镇化进程中的水问题，2013年12月，中央城镇化工作会议提出“建设自然积存、自然渗透、自然净化的海绵城市”；2014年11月，住房和城乡建设部出台了《海绵城市建设指南——低影响开发系统》；2015年1月，财政部、水利部、住房和城乡建设部联合组织开展了16个试点城市建设；2015年10月国务院办公厅印发了《关于推进海绵城市建设的指导意见》；2016年4月又确定了14个城市为中央财政支持海绵城市建设试点。目前，全国除两批共30个城市开展海绵城市试点建设外，还有一些地区自主开展了海绵城市建设。海绵城市成为众多行业和科技领域讨论的热门话题之一。

我国淡水资源总量较多，而人均水资源严重贫乏，仅为世界平均水平的1/4，是全球13个人均水资源最贫乏的国家之一。我国水资源总体上呈“南多北少”，长江以北水系流域面积占全国国土面积的64%，而水资源量仅占19%，可见水资源空间分布和水土组合极不平衡。目前我国每年平均缺水约500多亿m^3，全国2/3的城市缺水，每年因缺水造成的直接经济损失达3500亿元。快速城镇化引发大规模的城市扩张，城市化的不断加深则带来一系列生态环境问题，其中水生态危机尤为突出。内城“看海”的景象所付出的代价是众多遇难的生命和惨重的经济损失。雨洪问题已成为城市生活面临的重要问题，发人深思。然而，城市面临的水生态问题远不止洪涝灾害，还有水资源短缺和水安全问题与之并存。与此同时，人类片面追求经济利益，忽略生态环境，向有限的水资源环境任意排放污染物，导致我国水环境污染现象日益严重。我国严峻的水环境污染形势，进一步加剧了我国水资源短缺的矛盾，生态环境恶化，严重威胁着人类生活健康、社会稳定和经济发展。这些数据和事件，凸显了我国城市水安全问题亟须有效解决。

1.1.1.2 我国传统城市建设模式的不足

反观我国传统城市建设模式在应对内涝洪灾和水安全问题时能力却存在明显不足，无法有效缓解和改善城市水生态问题，导致城市水生态呈日趋恶化之态。这主要归咎于传统城市工程管道式灰色排水基础设施单一、防洪规划和排水工程规划的落后以及雨水资源合理利用意识的薄弱。我国传统城市排水基础设施采取的是工程管道方式，这种依赖钢筋水泥现代技术建立起的保护模式，体现的是西方工业时期人力战胜自然的思维方式。然而，在城市化高速发展的今天，这种忽略自然力量的思想，导致滞后的城市排水系统无法应对越来越严重的城市暴雨灾害，暴露了我国传统城市排水系统存在建设之初标准过低、改建成本巨大以及对雨污混合污染问题的忽视等不足，内涝、污染、水环境等问题接踵而至。

从相关规划编制来看，我国城市普遍缺少雨洪控制利用相关专项规划，仅在排水规划、防洪规划、环境保护规划等中有所涉及。在进行城市排水规划时，也没有确立雨水是资源以及要先合理利用再排放的指导思想。我国城市的雨水资源利用意识薄弱，对天然雨水资源的利用率极低，不到10%，大量雨水资源被直接排走，白白浪费，与我国水资源紧缺现状形成突出的矛盾。

城市水生态环境是一个综合问题，对城市整体的生态系统、人民生存、社会稳定、经济繁荣等有着重要的影响作用。我国城市水生态危机和城市建设模式的落后，正严重制约着我国经济发展，威胁着人们的生存和生活，已引起国内学者的广泛关注。他们开始反思城市雨洪规划建设和管理模式，急切呼吁转变防洪减灾思路，与洪水为友，变废为宝，转变过去单一控制的理念，采取综合管理洪水的生态型控制方法。

因此，在我国新型城镇化建设和水生态环境恶化的时代背景下，海绵城市作为人与自然和谐共生，发挥城市水生态服务功能，引导城市可持续发展的有效途径，被专业领域学者提出和推广，并成为国家和地方政府解决城市雨洪综合管理的指导方针和战略目标。

1.1.1.3 雨洪资源化利用的意义

雨洪是指在一定地域范围内的降水瞬时集聚或者流经本范围的过境洪水。雨洪资源化利用是把作为重要水资源的雨水，运用工程和非工程的措施，分散实施、就地拦蓄，使其及时就地下渗，补充地下水，或利用这些设施积蓄起来再利用，如冲洗厕所、洗衣服、喷洒道路、洗车、绿化浇水、景观用水等。雨洪资源化利用是综合性的、系统性的技术方案，不只是狭义上的雨水收集利用和雨水资源节约，还囊括了城市建设区补充地下水、缓解洪涝、控制雨水径流污染以及改善城市生态环境等诸多方面。

为什么说雨洪是资源？一般认为，洪水是灾害，造成的损失可能是巨大的。因此，对付雨洪的办法就是排洪、泄洪，似乎排泄越快、越彻底就越安全。为了排洪，河流被改造成为泄洪渠道，堤坝高筑。防洪标准越来越高，堤坝也越来越高，但洪量、洪峰、洪水的危害也越来越大。但是，为什么会发生洪灾？为什么洪水越来越多？比如，湖北省武汉市原来是六水三田一山，可现在的六水变成了三水，另三水被城市占用了。原来是湖泊的区域现在变成了城区，暴雨来了，被淹应该是可以预料的。又比如广东省东莞市的内涝，原本是与河流水系相连的湿地或河漫滩，现在被城市建设所占据。河堤把水系与这些低洼的城区隔离开来，河道的洪水被控制在河道里，但城区的雨水却由于地势低洼排泄不畅而滞留下来，成为内涝（图1.1）。城市发展占据了本该属于湖泊、湿地、河漫滩、洪泛的区域，如果通过堤坝围堵、加快泄洪来解决问题，必将面临越来越艰巨的挑战。

更严重的问题是，当采取一切工程手段排洪泄洪时，又面临越来越严重的旱灾（图1.2）。许多城市的历史资料显示，近50年来年降水量并没有太大的变化，但降水强度和降水频率却改变了。一次连续降雨，很可能占全年降水量的30%～70%。如果把这30%～70%的雨洪全排泄掉了，旱灾也是无法避免的。因此，雨洪是资源，充分利用雨洪资源，不仅能解决水资源匮乏的问题，也能从根本上改变防洪防旱理念、工程、技术、设计问题，应该从城市发展和城市安全的战略角度予以考虑。

图 1.1 降雨造成的城市内涝

图 1.2 城市干旱

城市的发展使得雨洪具有利害两重性。一方面，城市的发展改变了城市的土地性状和气候条件，使得城市雨洪的产汇流特性发生显著改变，增加了城市雨洪排水系统压力，从而使得城市雨洪的灾害性更为明显。如雨洪量增大、流速增大、洪峰增高、峰现提前、汇流历时缩短等。另一方面，雨洪对城市发展有其潜在的、重要的水资源价值。雨洪是城市水资源的主要来源之一，科学合理地利用雨洪资源，可以有效解决城市水资源短缺，改善城市环境，保持城市的水循环系统及生态平衡，促进城市的可持续发展，具有极高的社会、经济和生态效益。

我国是一个缺水的国家，在全国 656 个城市中，有 400 个城市供水量不足，其中有 110 个城市严重缺水。随着城市化的快速发展，城市规模不断扩大，城市人口增加，工业迅速发展，城市用水紧张的问题日益凸显。同时，由于改革开放以来粗放的经济发展模式，大量工业废水未经处理直接排入自然水体，导致富营养化等水体污染。包括地下水在内，我国已有超过七成的水资源受到污染，水质型缺水成为水资源紧张的突出特征。

城市水资源的最大来源是降雨。海绵城市设施通过滞蓄、下渗，把城市降雨最大限度地留在城市当中，将城市雨洪转化为宝贵的水资源。雨洪资源化利用可以增加城市的水资源补给，缓解水资源紧张的压力，同时可以产生巨大的生态效益，改善城市小气候，减少城市地表径流量，控制雨洪过程，极大地减轻城市洪涝灾害，减少城市防洪排涝基础设施投资等（图 1.3）。

想要利用雨洪资源，就需要城市打造更多的湿地、湖泊、绿地、公园，城市的宜居程度和生态安全才能得以提高，同时为城市增加活动空间和生态空间。而这些空间的大小、形态、分布格局，都应该考虑历史最大连续降雨量、地形地势和城市发展格局。当然，雨洪是资源，如何存储这些资源也就成为海绵城市建设的关键。

1.1.2 海绵城市的概念及特点

1.1.2.1 海绵城市的概念

海绵城市（Sponge City），顾名思义是借海绵的物理特性来形容城市的某种功能。国内外许多学者运用这一概念来形象比喻城市吐纳雨水的能力。我国住房和城乡建设部颁布的《海绵城市建设技术指南——低影响开发雨水系统构建（试行）》中对海绵城市的概念进行了明确定义：指城市能够像海绵一样，在适应环境变化和应对自然灾害等方面具有良

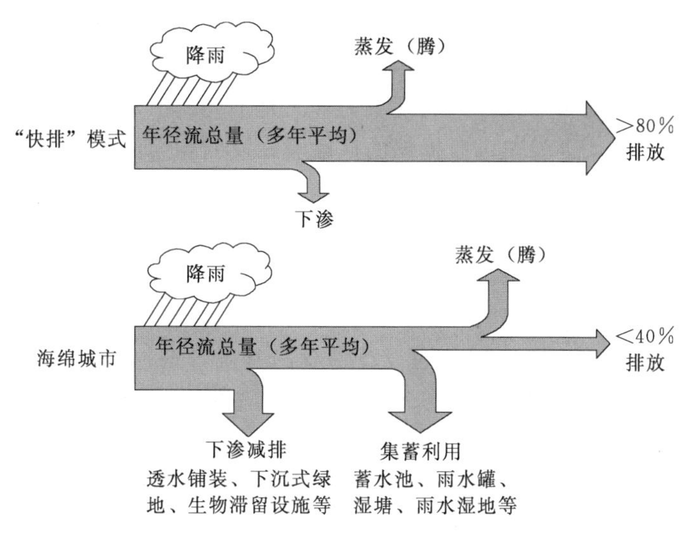

图 1.3 雨洪资源化对比示意图

好的“弹性”，下雨时吸水、蓄水、渗水、净水，需要时将蓄存的水“释放”并加以利用。该简单概念背后隐含的深层内涵，可以具体分解为：一是海绵城市面对洪涝或者干旱时具有灵活应对和适应各种水环境危机的韧力，体现了弹性城市应对自然灾害的思想；二是海绵城市要求基本保持开发前后的水文特征不变，主要通过低影响开发（LID）的思想和相关技术实现；三是海绵城市要求保护水生态环境，将雨水作为资源合理储存起来，以解城市不时缺水之需，体现了对水环境及雨水资源可持续的综合管理思想。

海绵城市的本质是解决城镇化与资源环境的协调和谐。传统城市开发方式改变了原有的水生态，而海绵城市则保护了原有的水生态；传统城市的建设模式是粗放式、破坏式的，而海绵城市对周边水生态环境则是低影响的；传统城市建成后，地表径流量大幅增加，而海绵城市建成后地表径流量能尽量保持不变。因此，海绵城市建设又被称为低影响设计和低影响开发。

1.1.2.2 海绵城市的特点

首先，海绵城市建设视雨洪为资源，重视生态环境。海绵城市建设的出发点是顺应自然环境、尊重自然环境。城市的发展应该给雨洪储蓄留有足够的空间，根据地形地势，保留和规划更多的湿地、湖泊，并尽可能避免在洪泛区内搞建设，而是让洪泛区充分发挥作用，成为雨洪的蓄洪区、湿地公园、农业用地等，以减少城市内涝，同时也保证了水资源的安全。

其次，海绵城市建设的目标就是要减少地表径流和减少面源污染。要量化年径流量控制率、综合径流系数、湿地面积率、水面面积率、下凹式绿地率等指标，指导城市生态基础设施建设。减少地表径流，就能减少面源污染，这对城市水系的水质保障和水质安全非常重要。减少地表径流，雨水就能就地下渗，这对地下水补充很重要。因此，从某种意义上说，海绵城市设计，就是要最大限度地争取雨水的就地下渗。

另外，海绵城市建设将会降低洪峰和减小洪流量，保证城市的防洪安全。当城市面临最大的降雨时，由于海绵城市有足够的容水空间（湿地、湖泊、洪泛区、河漫滩、农业用地、公园、下沉式绿地等）及良好的就地下渗系统，城市的防洪能力会更强，洪水流量、洪峰都会大大降低，暴雨的危害性也会相应降低。

但是必须强调，海绵城市在不同尺度下的含义是不同的。海绵城市在微观尺度如小社区和小区域的建设理念，也与美国所提倡的低影响开发的理念、技术、设计很相似。但是在中国，我们所面临的许多城市内涝、防洪防旱、水资源安全、水生态安全问题，仅在微观尺度范围的海绵城市建设中是很难解决的，必须在流域中观尺度上或在水系宏观尺度上进行海绵城市建设，才能得以解决。

最后，在城市规划中运用多规合一，保证海绵城市建设生态效益、经济效益、社会效益的最大化。城市规划要以海绵城市的设计理念为基础，根据城市水资源情况、降雨规律、土壤性质等条件，确定城市的生态安全格局、生态敏感区和生态网络体系，保证城市的宜居性和可持续发展以及人与自然和谐共处。同时，城市应该重视产业规划的功能落位到空间，确定城市不同空间的开发强度、土地使用性质、产业功能，并保留足够的生态用地空间，最大限度地顺应自然环境。

1.1.2.3 海绵城市对城市发展的意义

海绵城市对城市发展的意义主要为以下几个方面：

（1）提高雨水下渗率，将雨洪蓄滞存储，补充水资源。

（2）减少地表径流产生的面源污染，有利于水环境保护和水质改善。

（3）减小洪峰流量，延迟峰现时间。

（4）增加城市水面面积率、绿地率，丰富城市生态系统和生态廊道，增加生物多样性，维持生态平衡，使城市得以可持续发展。

1.1.3 低影响开发

海绵城市的低影响开发（Low Impact Development，简称LID）是在开发的全过程中，从设计、施工到管理的每个环节，对周边环境的不利影响达到最小化，特别是对雨洪资源和分布格局的影响达到最小化。从某种意义上说，低影响开发与海绵城市建设也可以认为是同一个含义，而且无论是从宏观尺度的海绵城市规划，还是中观尺度的城市、流域的海绵城市规划设计和建设，或是微观尺度的小区、雨水园的设计和施工，都要充分实现低影响开发，尽量使用原周边环境的有利地形、原生物种、原有设施等，减小对周边水资源、土地资源、植被资源等的影响和破坏，也尽量保持原有区域或场地的降雨、水文、产汇流特征不改变。

如图1.4所示，海绵城市建设的主旨就是要维持土地开发前后的水文特征基本不变，如地表产流、汇流时间、汇流流量、流速、洪峰大小和洪峰出现时间等。同时，通过与城市市政管网的对接，与城市所在的流域水系连通，保障城市防洪排涝安全；通过蓄滞雨水，补充地下水，提高城市水资源存储量，缓解用水压力。

低影响开发主要是减小对周边水资源、土地资源、植被资源的影响和破坏，因此下文将从这几个方面详细阐述低影响开发的内涵。

1.1.3.1 水资源的低影响开发

从水文循环角度讲，开发前后的水文特征基本不变，包括径流总量不变、峰值流量不变和峰现时间不变。要维持下垫面特征以及水文特征基本不变，就要采取渗透、储存、调

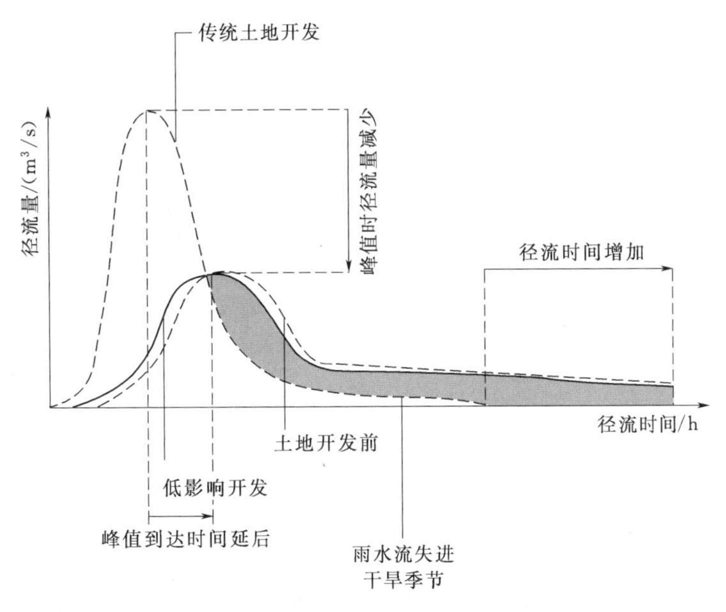

图 1.4　低影响开发水文过程示意图

蓄和滞留等方式，实现开发后一定量的径流不外排；要维持峰值流量不变，就要采取渗透、储存和调节等措施削减峰值，延缓峰值时间。

由图 1.5 可见，在未开发时，在自然植物的下垫面条件下，总降雨量的 40%会通过蒸腾、蒸发进入大气，50%将下渗成为土壤水和地下水，只有 10%会形成地表径流。而城市的开发建设改变了这种分布比例，大量的不透水路面和屋顶，改变了原有的下垫面构成，地表径流则从原来的 10%增加到 50%或更多，而下渗水量减少。因此，遇到强降雨，极易造成城市内涝，同时还会引发水土流失、面源污染、地下水减少等问题。因此，低影响开发的技术关键是减少地表径流、减少水土流失、减少面源污染、减少洪涝灾害，同时增加雨水下渗，补充地下水。

1.1.3.2　土地资源的低影响开发

土地是人类赖以生存的关键要素，提供给人类食物、建筑材料和生活区域。表土层是指土壤的最上层，厚度为 15～30cm，有机质丰富，植物根系发达，含有较多的腐殖质，肥力较高。表土层是土壤中有机质和微生物含量最高的地方，也是植被生长的基础、微生物活动的载体。在降雨过程中表土能够渗透、储存和净化降水。低影响开发中，透水铺装、渗透塘、渗井、渗管及生态渠道等设施都能够增加地表透水性，采用透水性强的材料、增加材料的孔隙率以及搭配种植植物对增加地表透水性也具有重要作用。

(1) 表土在海绵城市中的作用。

海绵城市建设应用了表土层剥离利用的流程和技术，将这些稀缺的表土资源回填到城市绿地或者公共空间，实现建设用地、景观用地与农业用地的多方优化。表土在海绵城市中的作用主要表现在以下三方面：

1) 表土渗透降水。降水从陆地表面通过土壤孔隙进入深层土壤的过程是降水的渗透。渗透进入表土中的水分，部分进入深层土壤后渗漏，其余的水分转化为土壤水停留在土壤

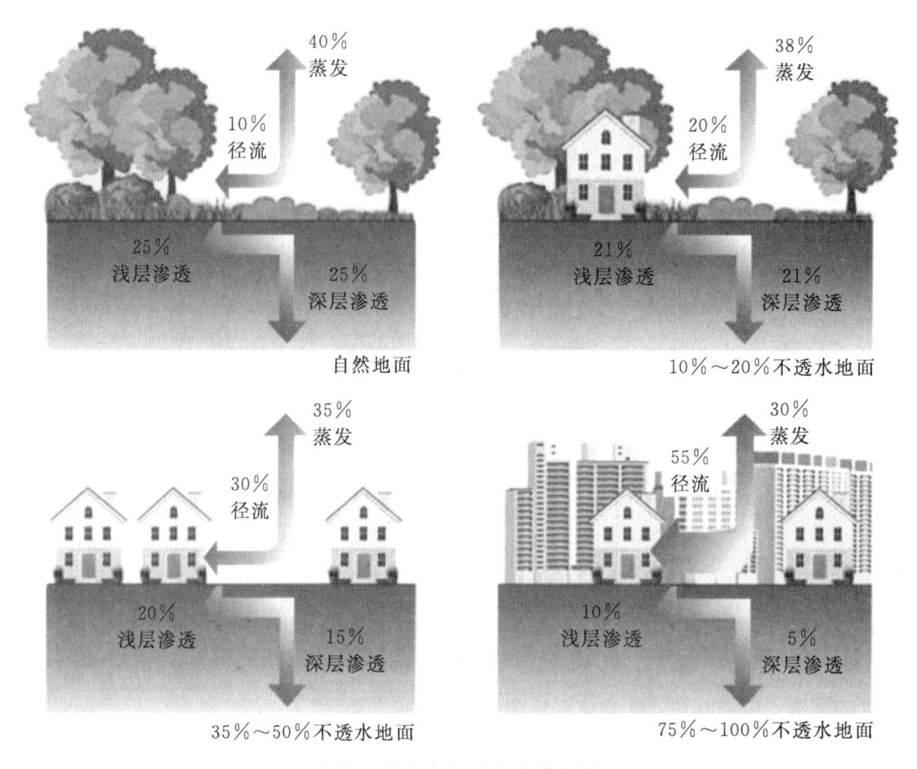

图 1.5 不同下垫面的水资源构成

中。表土是降水的重要载体，表土渗透能力直接关系到地表径流量、表土侵蚀和雨水中物质的转移等。土壤渗透性越强，减少地表径流量和洪峰流量的作用越强。

2）表土储存降水。表土通过分子力、毛管力和重力将渗透进来的水储存在其中，储存在表土中的水主要有吸湿水、膜状水、毛管水和重力水等几种类型，分为固态、液态和气态三种不同的形态。其中，液态水对植物生长非常关键，其主要存在于土壤孔隙中和土粒周围。

3）表土净化降水。表土净化降水的核心是通过表土—植被—微生物组成的净化系统来完成。表土净化降水过程包括土壤颗粒过滤、表面吸附、离子交换以及土壤生物和微生物的分解吸收等。

（2）表土作用的影响因素。

土壤质地、容重、团聚体和有机质等理化性质是影响其储存和渗滤作用的重要因素。

1）土壤质地：指土壤中黏粒、粉砂和砂粒等不同粒径的矿物颗粒组成状况。国际制土壤质地分级标准将土壤质地划分为壤质砂土、砂质壤土、壤土、粉砂质壤土、砂质黏壤土、黏壤土、粉砂质黏壤土、砂质黏土、壤质黏土、粉砂质黏土和黏土。一般情况下，土壤中砂粒含量越高，其渗透作用越强，保水作用则越差。

2）土壤容重：又称土壤密度，一般指干容重，是单位体积土壤（包括土壤颗粒间的空隙）烘干后的重量。土壤容重反映了土壤紧实度和孔隙度大小，由土壤颗粒数量和孔隙共同决定，对降水渗滤、储存都有一定的影响。土壤容重越大，孔隙越小，渗透能力越弱；反之则越强。

3）土壤团聚体和有机质：土壤团聚体是指土粒形成的小于 10mm 的结构单元，团聚体的粒径影响土壤孔隙分布及大小，进而影响水分在表土及深层土壤中的迁移。土壤有机质包括土壤动植物、微生物及其分泌物质，具有一定的黏力，能够使土壤颗粒形成团粒结构，在一定的范围内，有机质增加，胶结作用加强，促进土壤团聚体的形成。

（3）增加土壤渗透率的方式。

通过改变土壤质地、容重、团聚体和有机质等理化性质可以改变土壤的渗滤性和储水能力，从而减少地表径流。在特定区域，地形和土壤质地一定的情况下，在地表植物作用下，表土的渗滤性将增强。

植被根系通过增加表土的孔隙度来增加降水入渗量。随着植被根系生长，根系与土壤之间形成孔隙，根系死亡腐烂后，表土形成管状孔隙。植物的枯枝落叶腐烂后形成腐殖质，加快土壤团聚体形成，使得土壤孔隙度增加，透水性增强。另外，植物的枯枝落叶为土壤生物提供食物和活动空间，土壤生物活动将改善土壤性质。同时，枯落物增加了表土的粗糙率，减小了径流流速，增强了入渗，从而减少了水土流失。

低影响开发中，透水铺装、渗透塘、渗井和渗管及渗渠等设施都能够增加地表透水性。采用透水性强的材料、增加材料的孔隙率以及搭配种植植物对增加地表透水性也具有重要作用。

1.1.3.3 地形的低影响开发

地形是指地表形态，具体是指地球表面高低起伏的各种状态，如山地、高原、平原、谷地、丘陵和平地等。自然地形所形成的汇水格局是一个区域开发的重要因素，地表变了，汇水格局也会相应改变。低影响开发就是研究原有地形和开发后地形的不同汇水格局及其影响。因此，以尊重地表为出发点的规划设计和土地开发，对环境的影响小，相对安全，也可以体现空间的多样性，融合自然和艺术之美。城市开发如果肆意地改变场地的地形地势、挖山填湖、变山地为平地、河道裁弯取直、自然绿地被人工硬化等，会导致流域下垫面改变，从而改变降雨产汇流模式，进而导致水文循环破坏，城市热岛效应、雾霾加剧，洪水内涝频发。因此，城市开发必须尽量考虑原始的地形地势，顺形而建，应势而为，尽量维持土地原有的地貌、气候及水循环，使人类融于自然，与自然和谐共生。

1.1.3.4 植被的低影响开发

植被是顺应地形的产物，也是水和土壤的产物，同时，植被也是地形、水和土壤的“守护神”。没有植被，水土流失和面源污染则不可避免。没有植被，水质、水资源和地表土都会丧失，地表也会改变，而水也会失去它的资源属性，引发灾难性的洪水和干旱，造成经济损失，成为制约城市发展的瓶颈。植被在低影响开发中具有重要作用，种植区可实现坑塘或生物滞留池的排水、雨水滞留等功能，还可以有效地减小地表径流，增加雨水蒸发量，缓解城市热岛效应，控制面源污染，净化水质等。

（1）植被的重要作用。

陆地表面分布着多样化的植物群落。植被是能量转换和物质循环的重要环节，它为生物提供栖息地和食物，改善区域小气候，对水文循环起到平衡作用；能防止土壤侵蚀、沉积和流失；同时也是城市的重要景观，可以削弱城市热岛效应（图 1.6）。

图1.6 城市绿地

城市建设要尽量保护土地原生的自然植被，保证城市的绿地率，丰富植被多样性，使城市生态系统正向演替。丰富的地表植被在降雨初期进行雨水截留，根系吸收一些土壤中的水分为未来丰水季节降水提供渗透空间。地表水体补充地下水时，污染物被植被与土壤吸收净化，对地下水质提升有积极的影响。在起伏的地区，植被的分布能够减少水流对地表的冲击，减轻对小溪渠道的破坏，减少汇水面的水土流失，避免河床抬高，防止洪涝灾害。

植被在低影响开发中具有重要作用，低影响开发的种植区可实现坑塘和生物滞留池的排水和雨洪滞留等功能，植被种植区具有自然渗透、减小地表径流、增加雨水蒸发量、缓解市区的热岛效应、降低入河雨洪的流速和水量、降低污染系数、控制面源污染等重要作用。根据植物特性在适当的区域种植最适合的植物是使其达到最佳排水功能的关键因素，需根据植物的需水量、耐涝程度、根叶降解污染物的能力来选择适当的植物。

（2）植物的选择。

种植区植物的选择应尊重自然和当地植被，由于本地物种能适应当地的气候、土壤和微生物条件，而且维护成本低，水肥需求量小，所以应优先选择本地物种。但由于国外低影响开发技术相对成熟，可使用与国外成熟的低影响开发植物生态习性相近的本地物种或在必要条件下慎重选择容易驯化的外地物种。

（3）植被的空间格局。

如图1.7所示，低地带由于地势最低，雨水或灌溉水最终流入这一区域，所以低地带应设计超量雨水溢流管道，使雨水存留时间一般不超过72小时。但是在雨季，雨水会长时间淹没这一区域的植物，所以在这一区域应该选择根系发达的耐水植物，建议使用当地草本植物或地被植物。

中地带是高地带和低地带的缓冲带，起到减缓雨水径流的作用。下雨时，这一区域的植物可以滞留雨水，同时雨水灌溉植物，尤其在暴雨时这一区域的植物能起到保护护坡的作用。所以在选择这一区域的植物时须选择耐旱和耐周期性水淹的生长快、适应性强、耐修剪以及耐贫瘠土壤的深根性护坡植物。

高地带是低影响开发设施的顶部，一般降雨条件下雨水不会在这个区域存储，所以此区域的植物需具有强耐旱性，并在少数的暴雨条件下具有一定的耐涝性能。

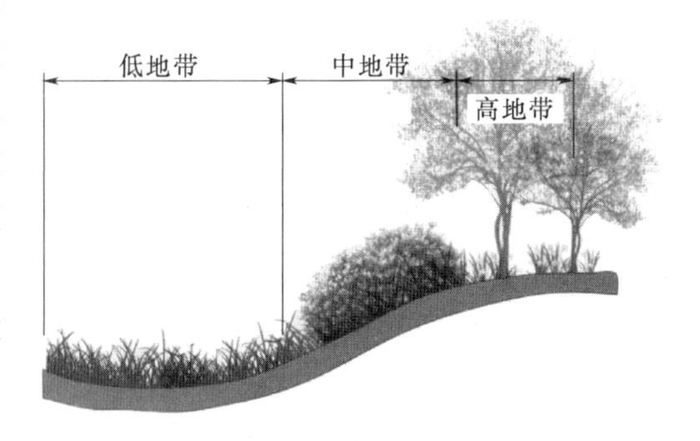

图1.7 植被的空间格局分布示意图

植被的空间格局分布示例如图 1.8 所示。

(a)

(b)

图 1.8 植被的空间格局分布示例

1.1.3.5 低影响开发与下沉式绿地

如果绿地能比路面低 20～30cm，就可以容纳或吸收至少 200～300mm 的降水。下沉式绿地，就是使绿地系统基本处在道路路面以下，它可以有效地蓄积和利用雨水及再生水，减少灌溉的次数，节约宝贵的水资源。下沉式绿地可从狭义和广义两个角度来理解：狭义下沉式绿地指的是绿地高程低于周边硬化地面高程 5～25cm，溢流口位于绿地中间或硬化地面的交界处，溢流口高程则低于硬化地面且高于绿地；而广义的下沉绿地外延扩展，除了狭义的下沉式绿地之外，还包括雨水花园、雨水湿地、生态草沟和雨水塘等雨水调节设施。

下沉式绿地可有效减少地面径流量，减少绿地的用水量，转化和蓄存植被所需氮、磷等营养元素，是低影响开发以及实现海绵城市功能的重要技术手段之一。

图 1.9 下沉式绿地效果

传统的城市雨水管理及内涝防治往往通过大规模的市政基础设施与管网建设来实现，但这种传统方式的弊端日渐暴露。随着城市对雨水管理要求的逐步提高，下沉式绿地这种新型的雨水管理方式逐渐赢得人们的关注（图 1.9）。这种雨水渗透方式将城市雨水防治工程和城市景观进行完美结合，给雨水的收集过滤提供了一种全新的思路。

在不适宜建设地区，盲目建设下沉式绿地，尤其是将原有绿地改造为下沉式绿地时，可能带来如下不良后果：①破坏表土与植被；②暴雨多发时，由于雨水长时间淹没，植物可能死亡，且大规模单一的耐水植物不利于物种的多样性，并影响景观建设；③地震、战争等灾害和大雨同时发生时，下沉式绿地无法实现防灾功能。

建设下沉式绿地时，以下问题值得关注：

1）下沉式绿地的蓄水量应经过科学计算，并非越多越好。当城市人口集中或需要修补地下水的漏斗时，可以考虑多截留一些雨水，但应尽量减少对地域原生态水平衡的

图1.10 道路两侧的下沉式绿地

影响。

2）因地制宜进行建设，对于全年降水量较少的干旱城市，适宜建设下沉式绿地，但对于降水量大、暴雨多的城市以及地下水位很高的城市，则需慎重分析。

传统的公路两侧绿地多为护坡与挡土墙的形式，高于公路表面。当遇到暴雨等情况时，冲刷产生的淤泥、石子等杂物很可能导致车辆通行不畅，甚至威胁生命财产安全。将下沉式绿地运用于公路两侧，可以有效拦截和缓存冲刷下来的泥土与石子，同时起到道路排水的作用，如图1.10所示。

【单元探索】

利用互联网或智能手机，了解目前我国的海绵城市建设试点城市都有哪些？有没有你的家乡？了解试点城市建设的最新进展，采用了哪些新技术、新材料、新工艺？

单元1.2 海绵城市的功能和效益

【单元导航】

问题1：海绵城市的功能是什么？

问题2：海绵城市的效益包括哪几个方面？

问题3：海绵城市的生态效益有哪些？

问题4：海绵城市的社会效益有哪些？

问题5：海绵城市的经济效益有哪些？

【单元解析】

1.2.1 海绵城市的功能

1.2.1.1 雨水就地下渗和减少地表径流

大气降水落到地面后，会有以下三种情况：一部分蒸发变成水蒸气返回（水蒸气大约占降雨量的40%），一部分下渗到土壤补充地下水（在自然植被区，大约占降雨量的50%），其余的降雨随着地形、地势形成地表径流（在自然植被区，大约占降雨量的10%），注入河流，汇入海洋。但是在城市发展的进程中，随着城市地表的硬质化，地表径流可以从10%增加到60%，下渗补充的地下水可能急剧减少，甚至是零。根据海绵城市的定义，一个具有良好的雨水收集利用能力的城市，应该在降雨时就地或者就近吸收、存蓄、渗透、净化雨水，补充地下水，调节水循环。因此，减少地表径流、提高就地下渗是打造海绵城市的重点。

雨水就地下渗的重要性表现为以下四点：一是把原来被排走的雨水就地蓄滞起来，作为城市水资源的重要来源；二是降低地下排水渠道的排涝压力，减轻城市洪水灾害的威胁；三是回补地下水，保持地下水资源，缓解地面沉降以及海水入侵；四是减少面源污染，改善水环境，修复被破坏的生态环境等。

城市雨水就地下渗对于城市建设是一个挑战。它除了要增加湿地、湖泊、水系面积，增加下沉式绿地、公园、植被面积，包括都市农业种植面积的保护、城市生态廊道的建设等也是就地下渗的重要基础条件。这些都是大尺度上海绵城市建设的重要因素（图 1.11～图 1.13）。至于雨水花园、透水铺砖、空隙砖停车场、透水沥青公路等都是小尺度海绵城市建设的具体技术、工程设计。这两个尺度上海绵城市建设的终极目标，就是让雨水最大限度地就地下渗，或者最大可能地实现对地下水的补充。

图 1.11 扬州市江淮生态走廊

图 1.12 宁波市东部新城生态走廊规划图

1.2.1.2 减少面源污染

水环境污染是由点源、线源和面源污染造成的。面源污染是指按以“面流”的形式向水环境排放污染物的污染源，如农田、农村和城镇的面源污染。在降水和地表径流的冲刷过程中，大量大气和地表的污染物以“面流”的形式进入水环境。城市面源污染是城市水体污染的重要污染源。城市面源污染包括直接排放的污水和地表径流携带的污染。

传统城市开发模式的绿地（公路绿化带、城市绿化景观等）普遍高于硬化地面，地表

图 1.13 宁波市东部新城生态走廊

径流携带的面源污染物顺着路面，汇集成洪流，进入水系（图 1.14、图 1.15）。这些面源污染量大且严重，一方面绿地无法发挥雨水下渗功能，使水资源白白流失，大量的污染物进入水体，水系无法自我净化，造成水体污染；另一方面，植物生长需要的氮、磷等营养物质却随着地表径流进入雨水管网被排出了城市，营养物质白白流失，反而需要花费人力、财力为绿地施肥以维持其生长。

图 1.14 城市传统的道路绿化带降雨时产生面源污染

图 1.15 城市传统的道路绿化降雨时积水

海绵城市正是根据污染物质的这一双重属性，运用低影响开发技术（图 1.16），建设生态基础设施，增加城市绿地面积，打造下沉式绿地，使城市的污染物随地表径流流入下沉绿地内，有效减少城市的地表径流，减少面源污染，又将地表径流带来的污染转化为绿色植被生长所需的营养物质。显然，下沉式绿地是城市面源污染控制的重要措施，其主要的控制手段符合源头截污和过程阻断的原则，也符合将污染转化为资源的理念。

图 1.16 低影响开发的道路下沉式绿化带

对于面源污染，源头截污就是在各污染发生的源头采取措施将污染物截留，防止污染物通过雨水径流进行扩散。该方法可通过降低水流速度，延长水流时间，减轻地表径流进入水体的面源污染负荷。城市绿地、道路、岸坡等不同源头的截污技术包括下沉式绿地、透水铺装、植被缓冲带、生态护岸等。

过程阻断是面源污染的另一重要手段。海绵城市建设必须完善污水管道，保证所有的污水进入管道，并进入污水处理厂处理。另外，城市雨水应该尽可能不进入管道，因为城市雨水和径流通过冲刷，携带城市地表的悬浮物、耗氧物质、营养物质、有毒物质、油脂类物质等多种污染物由下水管网进入受纳水体，极易引起水体污染。为此，应该尽可能让更多的雨水进入城市下沉式绿地、草地、草沟、公园以及各类雨水池、雨水沉淀池、植草沟、植被截污带、氧化塘与湿地系统等，将被阻断的污染物转化为资源。

1.2.1.3 降低洪峰和减小洪流量

地表特征是影响流域和城市水文特征的重要因素。未经开发的土地，地表植被覆盖率高，雨水下渗率大，径流系数小。降雨首先经过植物截留、土壤下渗，当土壤含水量达到饱和后，后续降雨量就形成地表径流。地表径流汇合集聚，通过自然地形的坡地流入河道。

城市的扩张使大量地表植被被破坏，地表普遍硬质化，雨水无法下渗进入土壤层和地下水，在很短的时间内成为地表径流，通过市政管道迅速汇入河道。随着降雨的持续，地表径流量不断增加，河道水量迅速增长，在短时间内即达到洪峰流量。城市的河道洪峰出现时间比土地未开发时出现的时间要早，且洪峰流量大，极易形成洪涝灾害（图 1.17）。同时，传统的城市开发，经历一场连续暴雨，不仅容易形成极大的洪水流量和洪峰，而且极有可能把宝贵的雨水资源排出城市，造成水资源的浪费、水体污染，加剧旱灾。

图 1.17 城市河流暴雨洪水

海绵城市打造正是要打破传统城市开发模式的弊端，尊重表土，保护原有的土壤生态系统，保障植物、植被的生长，实现蓄洪水面、湿地、绿地、雨水花园和公园等空间的最大化，雨洪就地下渗的最大化，地表径流、城市排水管道分散化和系统化，以及城市流域水系和汇水空间格局的合理化，最大限度消除洪灾旱灾的威胁，保障城市水生态安全。

1.2.1.4 生态廊道修复和生物多样性保护

海绵城市除解决城市水环境问题外，还可带来综合生态效益和社会效益。例如城市的绿地、湿地、水面等，不仅减少了城市的热岛效应，改善了人居环境。同时可以为更多的生物提供栖息地，提高城市生物多样性的水平。从生态学角度理解，生物多样性即种群与群落以及所处自然环境的多样性和连续性，而城市生物多样性的建立是指在满足城市安全、生产、生活等需求的前提下丰富生物种类，形成生态系统，其重要条件就是城市的生态廊道。生态廊道包括城市水系蓝带和绿地绿带，其空间格局和连续性是海绵城市建设的重要指标。

（1）生态廊道与生物多样性的关系。

在城市建设中，人类活动割裂了自然原本的地表形态，使得城市景观“高度破碎化”，即由原本整体和连续的自然景观趋向于异质和不连续的混合斑块镶嵌体。这种割裂状态阻断了生物交流和物质交换，破坏或摒弃了许多当地原有的生物群落；另外，人为引进的一些外来生物形成了新的生物群落，可能会对当地原本的生物群落造成威胁。

简而言之，城市景观破碎化对城市发展带来阻碍，由于很大程度上割裂自然生境改变了城市之间、城市与自然之间的能流、物流循环过程，导致城市生态系统的服务功能无法正常发挥。而生态廊道可以提高城市景观的异质性，提高生物多样性。以植物为例，城市绿地绿化运用多种植物的不同搭配组合，不仅能够体现当地特色，美化城市景观，还可以为多种生物提供栖息地。

（2）景观破碎与生态廊道。

景观破碎化在城市建设和发展过程中对生物多样性造成直接威胁，而海绵城市可以在这两者之间形成一层缓冲带。在海绵城市生物多样性保护方面，生态廊道可作为动植物栖息地和迁移的通道。廊道是有着重要联系功能的景观结构，那么依靠生态廊道重新连接破碎的生态斑块是解决景观破碎化的主要办法和有效手段。

1）功能城市公园的建立。在海绵城市的建设中运用空间规划的方法，结合当代景观设计手法，规划设计兼具水体净化和雨水调蓄、生物多样性保育和教育启智等多种生态服务功能的综合型城市公园，如上海世博后滩公园、江苏泰州秦湖湿地公园，就是把景观作为城市生物多样性的生命系统进行规划设计的（图1.18）。

图1.18 江苏泰州秦湖湿地公园

2）城市空间上的生物多样性保护规划。如何构建具有生物多样性保护的景观安全格局？通过选择指示物种，进行地形适宜性分析，判别该物种的现状栖息地，合理推断其潜在栖息地位置，以此规划出景观网路，这便是一个对生物多样性保护具有关键意义的景观安全格局。在海绵城市中，基于不同的生物保护安全水平，需要构建不同层次的生物多样性以保护景观安全格局，特别是在一些市政基础设施与生态网络相交叉或重叠的地方，则需要特别的景观设计，如建立穿越高速公路的动物绿色通道（图 1.19）。

图 1.19 高速公路的动物绿色通道

3）绿化建设由传统规划向低碳规划转变。低碳规划与传统规划的绿化建设相比，更加符合生物圈的自然规律。它考虑了城市自然生境的问题，以生物多样性作为城市自我净化功能的基础，在满足城市安全、生产、生活等需求的前提下丰富生物种类。这样一方面为更多生物提供栖息地（图 1.20），提高城市生物多样性水平；另一方面改善人居环境，发展了一种低碳愿景下可持续城市规划理念。

图 1.20 生物栖息地

1.2.2 海绵城市的效益

海绵城市建设是我国在城市雨水方面提出的一项战略性重大决策。该项工作的实施涉及水利、市政、交通、城建、国土、财政、气象、环保、生态、农林及景观等多个领域的管理与合作。海绵城市的建设理念重新梳理了雨水管理与生态环境、城市建设及社会发展之间的关系，全方位解决了水安全、水资源、水环境、水生态和水景观及水经济等相关问题，从而实现生态效益、社会效益、经济效益和艺术价值的最大化。

1.2.2.1 海绵城市的生态效益

通常来说，海绵城市建设可显著提高现有雨水系统的排水能力，降低内涝造成的人民生命健康及财产损失。透水铺装、下沉式绿地、生物滞留设施与普通硬质铺装、景观绿化投资基本持平，在实现相同设计重现期排水能力的情况下，可显著降低基础设施建设费用。

更重要的是，海绵城市建设可以最大限度地恢复被破坏的水生态系统。水生态系统的恢复必然影响整个生态系统的结构和功能，从而改变区域生态系统服务价值，带来显著的生态效益。

下面以长春市绿园区合心镇为例，分析合心镇核心区海绵城市建设对区域生态系统功能的影响及其生态效益。

根据《海绵城市建设技术指南——低影响开发雨水系统构建》，全国年径流总量控制率大致分为五个区，长春市绿园区合心镇属于Ⅱ区，其径流总量控制率为80%$\leqslant a \leqslant$85%，对应的设计降雨量为21.4～26.6mm。合心镇以低影响开发技术为指导，建设城乡一体的生态基础设施，在合心湖防洪安全的基础上，构建由地块内部雨水湿地和生态塘组成的海绵城镇蓝网，并建立由一级、二级和三级生态沟组成的绿色基础设施，串联雨水花园和植被缓冲带等。结合合心湖水系绿地组成海绵系统绿网，从而实现水绿互动（蓝网+绿网），打造生态海绵城镇。合心镇核心区现状为村镇及农田用地，传统建设开发后，径流系数在0.7～0.8。通过实施海绵城市建设，可以有效降低径流系数，综合径流系数为0.3～0.4，年SS（悬浮物）总量去除率为40%～60%，水面面积率为5.66%，湿地面积率为36.94%，从而改变了合心镇核心区的生态服务价值当量，见表1.1。其生态系统服务功能经济总价值达到3.73亿元。

表1.1 合心镇核心区海绵城市建设后生态服务价值当量总表（万元）

生态服务功能	林地	草地	农田	水域	合计
面积/hm^2	45.97	330.11	1587.26	67.23	2030.57
空气调节	160.90	264.09	793.63	0.00	1218.19
气候调节	124.12	297.10	1365.04	30.93	1817.19
水源涵养	147.10	264.09	952.36	1370.15	2733.70
土壤形成与保护	179.28	643.71	2317.40	0.67	3141.07
废物处理	60.22	432.44	2603.11	1222.24	4318.01
生物多样性保护	149.86	359.82	1126.95	167.40	1804.04
食物生产	4.60	99.03	1587.26	6.27	1697.61

续表

生态服务功能	林地	草地	农田	水域	合计
原材料	119.52	16.51	158.73	0.67	295.43
娱乐文化	58.84	13.20	15.87	291.78	379.70
总计	1004.44	2390.00	10920.35	3090.56	17405.35

综上所述，海绵城市建设可带来显著的生态效益。主要包括以下几方面：

(1) 控制面源污染。生物滞留设施、透水铺装和下沉式绿地等技术措施对雨水径流中SS（悬浮物）、COD（化学需氧量）等污染物具有良好的净化能力，对城市水污染控制和水环境保护具有重要意义。

(2) 建立绿色排水系统，保护原水文下垫面。植被浅沟等生态排水设施大量取代雨水管道，生物滞留设施、透水铺装、下沉式绿地、雨水塘和雨水湿地的应用，低影响开发与传统灰色基础设施的结合，形成了较为生态化的绿色排水系统，且有效降低城市径流系数，恢复城市水文条件。

(3) 提升生态景观效果。海绵城市建设赋予城市公园绿地更好的生态功能，改善传统景观系统的层次感及其对雨水的滞蓄，以及下渗回补地下水的新功能。

(4) 提升生态系统服务价值。海绵城市建设实施后，可以最大限度地恢复被破坏的水生态系统。水生态系统的恢复必然改善整个生态系统的结构和功能，从而提升区域生态系统服务价值。

1.2.2.2 海绵城市的社会效益

海绵城市的建设属于城市基础设施的一部分，是市民直接参与享用的公共资源。海绵城市的社会效益主要体现的是公共服务价值，具体分几个层面：一是丰富城市公共开放空间，服务城市各类人群；二是构建绿色宜居的生态环境，提升城市品质与城市整体形象；三是改善人居环境，缓解水资源供需矛盾。海绵城市社会效益的重点是海绵城市与城市公共开放空间的关系。

(1) 海绵城市的基本目的。

海绵城市的基本目的除雨洪资源的利用外，还有一个重要的社会目的，即构建一个集展示、休闲、活动和防灾避难为一体的多功能城市开放空间。一方面，海绵城市建设的现有载体如河流、湖泊、沟渠和绿地等，在建设中要加以保护，利用好这些公共资源，给市民提供一个生态的公共空间；另一方面，建设的新载体，如新建绿地、街道、广场、停车场和水景设施等都要打造成可供市民活动的公共空间。

(2) 海绵城市丰富公共开放空间。

广场作为城市的重要公共开放空间，不仅是公众的主要休闲场所，也是文化的传播场所，更代表着一个城市的形象，是一个城市的客厅。在广场的设计施工中，要采用海绵城市的理念及手法打造生态型的广场，如广场中的景观水池、透水铺装、高位花坛、下沉式绿地、树池等。生态广场不但是公共空间，也是海绵城市建设的科教展示场地，同时也是海绵城市建设的示范点。图 1.21 和图 1.22 分别为上海陆家嘴绿地广场以及大连星海广场。

图 1.21 上海陆家嘴绿地广场

图 1.22 大连星海广场

公共绿地是城市生态系统和景观系统的重要组成部分，也是市民休闲、游览及交往的场所。海绵城市建设所涉及的雨水花园、湿地公园、河道驳岸改造、微型雨水塘、植被缓冲带、植物浅沟、雨水罐、蓄水池、屋顶花园和下沉式绿地等，丰富了城市公园的种类，也提高了公园的品质和景观价值。图 1.23 和图 1.24 为公园绿地景观。

要通过城市规划和科普宣传让社会公众了解海绵城市，在全社会普及海绵城市及低影响开发的理念，让海绵城市建设成为既有规范要求又有公众参与的城市建设。让社会公众成为海绵城市建设的“参与者”和“支持者”，如屋顶花园、露台花园、社区雨水花园、绿色阳台及微型湿地等公众可直接参与的建设，打造“海绵居住区”和“海绵建筑”。

海绵城市是新型城镇化发展的重要方向，将带来的一系列综合效益，也是新型城镇化

图 1.23 苏格兰主题公园景观

图 1.24 纽约中央公园景观

建设的迫切需求。今后城市基础设施建设中，应充分利用广场、公园、绿地、停车场、居民区和绿化带等公共设施，全方位打造“城市海绵体”。

1.2.2.3 海绵城市的经济效益

中国经济经历了超高速增长阶段，逐步转向中高速和集约型增长，进入可持续的关注综合价值的新发展阶段。新常态经济的时代已到来，并将在很长一段时间成为中国宏观经济格局的基本状态。新常态下，经济发展方式将从规模速度型粗放增长转向质量效率型集约增长，经济结构将从增量扩能为主转向调整存量、做优增量并存的深度调整，经济发展动力将从传统增长点转向新的增长点。在宏观经济背景调整的大势下，海绵城市的产生和建设不是偶然，而是新常态下经济发展的必然诉求。

(1) 海绵城市是经济增长方式向集约型、再生型转变的代表。新常态下，经济增长方式由配置型增长向再生型增长方式转变，资源的集约效率利用将取代粗放经营。根据再生经济学原理，无直接经济效益的长期基本建设投资永远优先于有直接经济效益的中短期基本建设投资，基本建设投资永远优先于生产资料生产投资，生产资料生产投资永远优先于消费资料生产投资。海绵城市建设将雨洪作为资源充分利用，是集约型发展的典范；同时，作为具有长期效益的基本建设投资，亦符合再生型经济发展的基本规律。可以说，海绵城市顺应大势和符合国情，是新经济增长方式的代表。

（2）海绵城市是新常态下金钱导向转变为价值导向的示范标杆。新常态经济的核心是价值，由单一的金钱导向转变为以人民幸福为中心、以综合价值为目标及以社会全面可持续发展为导向。仅以金钱论，海绵城市是最基础的公共服务类设施，不以盈利为目的，但若以价值论，其关系民生福祉和百代生计，产生的综合效益和间接效益难以估量。国家及全社会对海绵城市建设的重视，也正体现了新常态下经济价值观的转变，将对整个社会幸福及可持续发展起到良好的示范带动作用。

1.2.2.4 海绵城市的艺术价值

海绵城市是指城市像海绵一样，能够在适应环境变化和应对自然灾害等方面具有良好的“弹性”。其建设理念为将自然途径与人工措施相结合，对城市生态进行恢复性改造。作为一个低影响开发性的生态工程，海绵城市的意义不仅仅在于对生态环境的保护和恢复，更是对景观艺术设计及美好城市形态建设等诸多方面的创新性影响。

海绵城市遵循着生态可持续的建设原则，而非人工地、强制性地改造。海绵城市的打造是基于尊重自然规律并且敬畏生态系统的理念，在改造和建设的同时，最大限度地保护城市原有生态系统。让水流动，让树生长，让万物依照大自然原有的系统规律，所有元素自行循环再生，最后归于初始。这是人类在审视过去的城市建设中出现的种种弊端后，重新向大自然学习，旨在恢复自然的生态之美。

因此，海绵城市的景观营造不是单方面的只注重观赏性，而是在景观设计的同时兼顾生态改造，做到功能与艺术并重，让一座城市既有实力又不失优雅。

海绵城市的艺术价值体现在创新和有效的景观设计中。许多低影响开发设施都兼有景观提升的作用，如湿地、坑塘、雨水花园和植被绿化带等，它们在改造城市的同时美化城市，点缀着一座钢铁水泥的城市，使整个城市更具生机，景观层次更为丰富多样。例如浙江金华燕尾洲公园，利用天然湿地储蓄洪水的模式，最大化地创造了丰富水面线边缘的原生景观，造就了良好的景观设计感和视觉连续性。这些设施生于自然并融于自然，相比传统的景观设计，给人以新的景观感知与视觉感受，并创造出一种全新的艺术享受（图1.25、图1.26）。

图1.25 浙江金华燕尾洲公园俯瞰图一

图1.26 浙江金华燕尾洲公园俯瞰图二

海绵城市的艺术价值还体现在对空间形态的塑造上。不同形态的用地，其空间营造的手法也不同。在打造生态驳岸的过程中，会通过湿地生物植被、灌木和常绿乔木的搭配种植起到稳固堤岸、削减污染及径流速度等作用，例如上海后滩湿地公园的生态驳岸，如图 1.27、图 1.28 所示。草地、灌木、乔木这三种类型的植被带，由于植物自身高度及形状等外在的差异，在空间上形成错落感，营造出了起伏的植被天际线。这在空间的塑造上形成了一种韵律感，给人带来了一种不同的视觉享受。

图 1.27 上海后滩湿地公园生态驳岸一

图 1.28 上海后滩湿地公园生态驳岸二

单元 1.3 我国海绵城市设计理念

【单元导航】

问题："渗、滞、蓄、净、用、排"六个关键技术应如何理解？

【单元解析】

海绵城市是指城市能够像海绵一样，在适应环境变化和应对自然灾害等方面具有良好的"弹性"和"空间"，下雨时能吸水、蓄水、渗水、净水，需要时还能将蓄水释放出来并加以利用。海绵城市的本质，是解决不断扩大的城市化与资源环境之间的矛盾，使之协调和谐。传统的城市开发方式改变了原有的水生态，海绵城市则是保护原来的水生态；传统城市的建设模式是粗放式、破坏式的，海绵城市对周边的生态环境则是低影响的；传统城市建成后，地表径流量大幅增加，海绵城市建成后地表径流量则尽量保持不变。

海绵城市建设视雨洪为资源，重视生态环境。其出发点是顺应自然环境、尊重自然资源。城市的发展应留给雨洪储蓄足够的空间，根据地形地势，保留和规划出更多的湿地、湖泊，并尽可能避免在洪泛区搞建设，使之成为雨水蓄滞区、湿地公园等，以减少城市内涝。海绵城市建设的核心目标就是控制和减小雨水资源的致灾性，发挥其资源特性，减灾兴利。一方面，通过低影响开发，因地制宜，顺势而为，减少地表径流形成的洪水和内涝，减少水土流失，减少面源污染等灾害和风险；另一方面，通过雨水渗、蓄、滞的生态、植被等综合措施，充分利用雨水资源，发挥其资源特性。其具体实现方法应采用相应的技术措施，即渗、滞、蓄、净、用、排。

1.3.1 海绵城市——渗

渗流过程是指将汇水区域收集到的雨量在透水性铺装、渗透槽沟及渗滤井等渗透设施的单独或协同作用下使雨水入渗地下，以此来蓄滞雨洪和补充地下水源的系统工程。渗滤（透）系统鼓励水的向下运动，进入下面的土壤，减少不透水表面的坡面径流和污染物总量。

由于城市下垫面过硬，到处都是混凝土或水泥的硬化路面，改变了原有自然生态本底和水文特征，因此，要加强自然的渗透，把渗透放在第一位。其好处在于可以避免地表径流，减少从硬化地面、路面汇集到市政管网里的雨水量，同时涵养地下水，补充地下水的不足，还能通过土壤净化水质，改善城市微气候。渗透雨水的方法有很多，主要是改变各种路面、地面铺装材料，改造屋顶绿化，调整绿地属性，从源头将雨水留下来然后“渗”下去。

1.3.1.1 透水景观铺装

传统的城市开发中，无论是市政公共区域景观铺装还是居住区景观铺装设计，多数采用的都是透水性差的材料，所以导致雨水渗透性差。通过透水铺装实现雨水渗透，或通过水渠和沟槽将雨水引流至街道附近的滞留设施中。

渗水铺装的雨水渗滤系统主要由三个层面构成，即透水垫层、透水面层及基层土壤。根据景观和适用功能的不同，可对透水性铺装进行筛选，可选用多种形式，如树坑树阵、绿化草坪等形式；透水垫层包括碎石或粗砂垫层等形式，其选用需要根据场地所处位置及要求的渗透率来确定。雨水首先降落在面层土壤，然后渗入透水垫层，直至基层土壤，达到滞留、净化雨水的效果，如图1.29和图1.30所示。

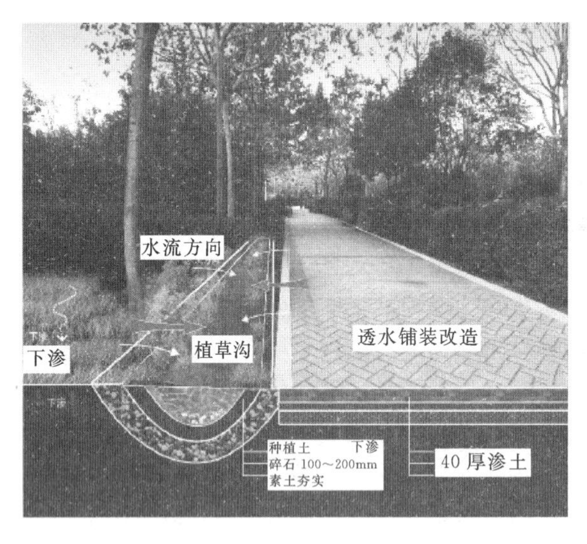

图1.29 透水铺装效果图

图1.30 透水砖

1.3.1.2 透水道路铺装

传统城市开发建设中，道路占据了城市面积的10%～25%，而传统的道路铺装材料也是导致雨水渗透性差的重要因素之一，除了景观铺装方面可以通过透水铺装实现雨水渗透之外，还可以将园区道路、居住区道路、停车场铺装材料改为透水混凝土，加大雨水渗透量，减少地表径流，渗透的雨水储蓄在地下储蓄池内经净化排入河道或者补给地下水，减少了雨水对路面冲刷然后快速径流排水对于水源的污染。

1.3.1.3　绿色建筑

海绵城市建设措施不仅在于地面，屋顶和屋面雨水的处理也同样重要。在承重、防水和坡度合适的屋面打造绿色屋顶，利于屋面完成雨水的减排和净化。对于不适用绿色屋顶的屋面，也可以通过排水沟、雨水链等方式收集引导雨水进行储蓄或下渗。

1.3.2　海绵城市——滞

滞流系统是指利用人工或天然集雨面，将降落的雨水汇集起来并通过植物等要素延缓径流速度的系统工程。滞流系统应尽可能选用渗透性材料及根系发达的植物类型。例如，将传统屋面设计为屋顶绿地，不透水路面改为渗水铺装路面，绿地改为下沉式绿地，扩大水体调蓄容积，其主要作用是延缓短时间内形成的雨水径流量。又如，通过微地形调节，让雨水慢慢地汇集到一个地方，用时间换空间。通过“滞”，可以延缓形成径流的高峰。具体形式总结为雨水花园、生态滞留区、绿色屋顶、渗透池、人工湿地等。

1.3.2.1　雨水花园

雨水花园是指在园林绿地中种有树木或灌木的低洼区域，由树皮或地被植物作为覆盖。它通过将雨水滞留下渗来补充地下水并降低暴雨地表径流的洪峰，还可通过吸附、降解、离子交换和挥发等过程减少污染。其中浅坑部分能够蓄积一定的雨水，延缓雨水汇集的时间，土壤能够增加雨水下渗，缓解地表积水现象。蓄积的雨水能够供给植物利用，减少绿地的灌溉水量。

1.3.2.2　生态滞留区

生态滞留区就是浅水洼地或景观区利用工程土壤和植被来存储和治理径流的一种形式。生态滞留区对于土壤的要求和工程技术上的要求不同于雨水花园，形式根据场地位置不同也有多样，如植草沟、雨水塘、人工雨水湿地等。

（1）植草沟。

植草沟既具有输水功能，也具有一定的截污净化功能。适用于径流量小及人口密度较低的居住区、工业区或商业区、公园、停车场及公共道路两边，可以代替路边的排水沟或者雨水管渠系统。植草沟沟顶宽 0.5～2m，深度 0.05～0.25m，边坡（垂直：水平）1：3～1：4，纵向坡 0.3%～5%。可设置在雨水花园、下凹式绿地前作为预处理设施。

（2）雨水塘。

雨水塘是渗水洼塘，即利用天然或人工修筑的池塘或洼地进行雨水渗透，补给地下水。雨水塘能有效地削减径流峰值。但雨水塘护坡需要种植耐湿植物，若雨水塘较深（超过 60cm）护坡周边就要种植低矮灌木，形成低矮绿篱，消除安全隐患。同时整个雨水塘系统还要形成微循环才能防止水体变质及腐坏。

（3）人工雨水湿地。

人工雨水湿地是一个综合的生态系统，它应用生态系统中物种共生、物质循环再生的原理，遵循结构与功能协调的原则，将雨水花园、生态滞留区收集的雨水进行集中净化。其具有缓冲容量大、处理效果好、工艺简单、投资省、运行费用低等特点，极其适合应用在海绵城市建设中。

1.3.2.3 绿色屋顶

绿色屋顶通过植物拦截降雨，从而降低水流径流的速度和流量，起到滞留降雨的作用。绿色屋顶在降低小量降雨产生的效果明显。同时，绿色屋顶还能增加建筑的使用年限，改善城市小气候，为鸟类和昆虫提供栖息地等多种功能，屋顶绿化为城市提供了一个既美观，又能组织活动和休闲娱乐的多功能空间。

1.3.3 海绵城市——蓄

蓄流系统是指将降雨过程中和降雨过程结束时的雨量，通过人工的储水设施进行收集，对排水进行延缓的系统。在此系统内可增设相关的沉淀设施对储存的雨水进行初期的净化和过滤。在降低排水压力和洪溃风险的同时，对雨水的预处理也为其回收利用做准备。

蓄流系统主要是指具有较大储水容量的天然或人工地表水体系统，例如洼地、湖泊、景观湖、喷水池、河流等。该系统需最大限度地做到与周边地形、地貌和环境结合，力求达到蓄流、下渗、景观等多方面作用。即把雨水留下来，要尊重自然的地形地貌，使降雨得到自然散落。现在人工建设破坏了自然地形地貌后，短时间内水汇集到一个地方，就形成了内涝。所以要把降雨蓄起来，以达到调蓄和错峰。而当下海绵城市蓄水环节没有固定的标准和要求，地下蓄水样式多样，总体常用形式有两种：蓄水模块、地下蓄水池。

1.3.3.1 蓄水模块

蓄水模块是一种可以用来储存雨水但不占空间的新型产品；具有超强的承压能力；95%的镂空空间可以实现更有效的蓄水。配合防水布或者土工布可以完成蓄水与排放，同时还需要在结构内设置好进水管、出水管、水泵装置和检查井。

1.3.3.2 地下蓄水池

地下蓄水池，由水池池体、水池进水沉沙井、水池出水井、水池进水管、水池出水管、水池溢流管、水池曝气系统等几部分组成。

1.3.4 海绵城市——净

我国对中小城市所产生的污水受成本的制约不够重视，往往只是简单的处理就排入自然的河湖系统中，有些甚至未经处理，这种做法严重污染了水质，导致水生态环境日益恶化，并难以恢复。因此，需要设置净化水质设施以改善水环境。当今设计人工湿地和稳定塘的做法较为生态环保。这些方法兼具经济与景观双重效果，得到了广泛的推广与应用。

人工湿地包括广义概念和狭义概念两方面。广义上的人工湿地指人工设计的，根据其结构功能，选择适合的区域，建造满足人类生活、生产、防灾和污水处理为目的的湿地系统，如水库、鱼塘、水景、稻田等，兼具美学及功能性于一体，因此又可称为“功能性人工湿地”。因其水质净化效果好，且投资运行成本低，因此成为水质净化的有效方法。狭义的人工湿地是指由基质、植物、微生物和外围的池体构成的单元处理构筑物。

雨水渗透土壤，通过植被、绿地系统、水体等，都能对水质产生净化作用。因此，雨水应该蓄起来，经过净化处理，然后回用到城市中。雨水净化系统根据区域环境不同可设置不同的净化体系，根据城市现状可将区域环境大体分为三类：居住区雨水收集净化、工业区雨水收集净化、市政公共区域雨水收集净化。根据这个三种区域环境可设置不同的雨水净化环节，而现阶段较为熟悉的净化过程分为三个环节：土壤渗滤净化、人工湿地净化、生物处理。

1.3.4.1　雨水净化系统

土壤渗滤净化：大部分雨水在收集的同时进行土壤渗滤净化，并通过穿孔管将收集的雨水排入次级净化池或贮存在渗滤池中；来不及通过土壤渗滤的表层水，经过水生植物初步过滤后排入初级净化池中。

人工湿地净化分为两个处理过程：一是初级净化池，净化经土壤渗滤的雨水；二是次级净化池，进一步净化初级净化池排出的雨水，以及经土壤渗滤排出的雨水，经次级净化后的雨水排入下游清水池中，或用水泵直接提升到山地贮水池中。初级净化池与次级净化池之间、次级净化池与清水池之间用水泵进行循环。

生物处理：湿地系统中的微生物是降解水体中污染物的主力军。好氧微生物通过呼吸作用，将废水中的大部分有机物分解成为二氧化碳和水，厌氧细菌将有机物质分解成二氧化碳和甲烷，硝化细菌将铵盐硝化，反硝化细菌将硝态氮还原成氮气，等等。通过这一系列的作用，污水中的主要有机污染物都能得到降解同化，成为微生物细胞的一部分，其余的变成对环境无害的有机物质回归到自然界中。

1.3.4.2　雨水净化系统三大区域环境

（1）居住区雨水收集净化。居住区雨水收集净化过程中，由于居住区内建筑面积和绿化面积较大，雨水冲刷过后大量水体可以经生态滞留区、雨水花园、渗透池收集起来经过土壤过滤下渗到模块蓄水池中，相对来说雨水径流量较少。所以，利用海绵城市雨水收集系统将雨水储存、下渗、过滤然后经过生物技术净化之后就可以大量用于绿化灌溉、冲厕、洗车等方面。

（2）工业区雨水收集净化。工业区有别于居住区，相对来说绿地面积较少，硬质场地和建筑较多，再加上工业产物的影响，所以在海绵城市雨水收集和净化环节就要格外注意下渗雨水的截污环节。经过承载海绵城市原理的园林设施对工业污染物的过滤之后，雨水经过土壤下渗到模块蓄水池，在这个过程中设置截污处理对下渗雨水进行第二次的净化，进入模块蓄水池之后配合生物技术再次净化后，再次的循环利用到冷却水补水、绿化灌溉、混凝土搅拌等方面。

（3）市政公共区域雨水收集净化。市政公共区域雨水收集净化对比前两个区域环境有着不一样的方面，绿地面积大，不同地区山体高程不同，所以导致径流量不同，并且河流、湖泊面积较大，所以减缓雨水冲刷对山体表面的冲击破坏和对水源的直接污染是最为重要的问题。就上述问题而言，市政区域雨水净化在雨水收集方面要考虑生态滞留区和植物缓冲带对山体的维护作用以及对河流、湖泊的过滤作用。在雨水调蓄方面主要使用调蓄池来对下渗雨水进行调蓄，净化后的水一方面用于市政绿化和公厕冲厕，另一方面排入河流、湖泊补给水源，解决了水资源短缺的问题。

1.3.5　海绵城市——用

“用”简单来说就是雨水作为一种回用水源在经过生态系统的入渗、存储、净化后再利用的一种方式，可以用于绿化灌溉、洗车、冲厕等方面。在当今水资源紧缺的情况下，雨水回用无疑是节约水资源的最优途径之一。

在经过土壤渗滤净化、人工湿地净化、生物处理多层净化之后的雨水要尽可能被利用，不管是丰水地区还是缺水地区，都应该加强对雨水资源的利用。不仅能缓解洪涝灾害，收集的水资源还可以进行利用，如将停车场上面的雨水收集净化后用于洗车等。通过“渗”涵养，通过“蓄”把水留在原地，通过净化把水“用”在原地。收集雨水用于建筑施工、绿化灌溉、洗车、冲厕、消防、景观用水等。

1.3.6 海绵城市——排

雨水在洪涝的时候会演变为灾害，但如果加以良好的利用，它也会变成可贵的资源，在自然的循环中发挥着重要的作用。由于灾害让人畏惧，所以会得到人们更多的重视。在传统的排水理念中，“快排”作为衡量排水系统好坏的重要标准，但与此同时，导致了稀缺的自然水资源的浪费。人们花费财力、物力、人力去建造相关的排水系统，这样的做法却没有发挥生态的作用，即使解决了暂时的洪涝灾害，但没有彻底地解决问题。未经处理的雨水会对下游造成巨大的排水压力，同时，雨水中所含的污染物也会对下游造成更为严重的污染，也浪费了宝贵的雨水资源。随着人们认识的提高，生态排水系统应运而生，其产生的多方面作用很好地改善了自然环境。为此，许多国家都开始应用缓排技术，利用生态溪沟、下沉绿地、雨水花园或人工湿地等系统，减少雨水径流量，对雨水的滞、蓄、存及净化产生了至关重要的作用。

有些城市因为降雨过多导致内涝，需要采取人工措施，把雨水排掉。要利用城市属性与工程设施相结合、排水防涝设施与天然水系河道相结合、地面排水与地下雨水管渠相结合的方式来实现一般排放和超标雨水的排放，避免内涝等灾害。经过雨水花园、生态滞留区、渗透池净化之后蓄起来的雨水一部分用于绿化灌溉、日常生活，一部分经过渗透补给地下水，多余的部分就经市政管网排进河流。不仅降低了雨水峰值过高时出现积水的几率，也减少了第一时间对水源的直接污染。

【单元探索】

通过海绵城市概念模型，理解海绵城市建设关键技术。

【项目练习】

一、判断题（请在对的题后括号中打“√”，错的打“×”）

1. 海绵城市就是雨洪资源化。（ ）
2. 城市水资源最主要的来源是过境河流。（ ）
3. 雨洪具有利害两重性。（ ）
4. 我国大部分城市都不存在水资源短缺问题。（ ）
5. 下沉式绿地可有效减少地面径流量是实现海绵城市功能的重要技术手段之一。（ ）

二、名词解释

1. 海绵城市：____________________

____

2. 水资源低影响开发（LID）：____________________

____

3. 流域：____________________

4. 下沉式绿地：

5. 生态滞留区：

6. 透水铺装：

三、论述题

1. 试论述海绵城市设计时应遵循的生态原则有哪些？

2. 试论述海绵城市建设能取得哪些方面的效益？

3. 试论述海绵城市建设实现雨水“渗、滞、蓄、净、用、排”等的低影响开发设施有哪些？

4. 试论述海绵城市建设的意义。

5. 试论述水资源低影响开发的内涵包括哪些方面？

项目2 海绵城市建设的关键技术

【教学目标】

通过本项目的学习，学生能够理解海绵城市建设的六个关键技术，即“渗、滞、蓄、净、用、排”，了解常见海绵城市建设措施中关键技术如何体现，理解海绵城市在适应环境变化和应对自然灾害等方面所具有的良好的“弹性”，即下雨时吸水、蓄水、渗水、净水，需要时将蓄存的水释放并加以利用。在海绵城市建设设计项目学习中，应更深刻地理解生态优先等原则，将自然途径与人工措施相结合，在确保城市排水防涝安全的前提下，最大限度地实现雨水在城市区域的积存、渗透和净化，促进雨水资源利用和生态环境保护，应统筹自然降水、地表水和地下水的系统性，协调给水、排水等水循环利用各环节，并考虑其复杂性和长期性。

【学习目标】

学习单元	能力目标	知识点
单元2.1	理解透水铺装的定义和下渗原理，了解透水铺装的类型、构造形式、主要病害和维护管理方法，会计算透水铺装的径流延迟时间、径流体积等参数	透水铺装的定义，透水铺装的类型，透水铺装的构造形式，透水铺装的下渗原理，透水铺装设计参数计算
单元2.2	理解雨水花园的概念、结构和类型；了解雨水花园的作用、价值、影响因素及其植物景观设计、雨水景观营造；掌握雨水花园表面积的计算方法，会用各种方法计算雨水花园的表面积	雨水花园的概念，雨水花园的结构与类型，雨水花园表面积的计算
单元2.3	理解绿色屋顶的概念、结构、类型，了解绿色屋顶的设计原则、绿色屋顶的效益	绿色屋顶的概念，绿色屋顶的结构，绿色屋顶的类型，绿色屋顶的设计原则
单元2.4	掌握下沉式绿地的概念、设计流程、设计要点及注意事项，了解下沉式绿地的功能	下沉式绿地的概念，下沉式绿地的设计
单元2.5	了解海绵城市建设过程中常用的水生植物及其配置原则等	水生植物的概念，影响水生植物生长的因素，水生植物在水体净化及生态修复中的功能作用和配置原则
单元2.6	了解新型雨水管理系统的工作原理	新型给排水系统的设计思路

单元2.1 透　水　铺　装

【单元导航】

问题1：透水铺装的定义？

问题 2：透水铺装与其他铺装形式的区别？

问题 3：透水铺装的类型有哪些？透水铺装的一般构造形式？

问题 4：透水铺装的孔隙结构及其容水能力如何？

问题 5：透水铺装的下渗原理？

问题 6：透水铺装的径流延迟时间、径流体积、径流速度、径流时间及峰值流量如何计算？

问题 7：透水铺装的主要病害有哪些？如何维护管理？

【单元解析】

传统的城市开发中，无论是市政公共区域的景观铺装还是居住区的景观铺装设计中，多数采用的都是水泥混凝土或沥青混合料等透水性差的材料。这种铺装面上覆盖了大量的不透水材料，直接阻隔了自然土壤与大气环境之间的联系，导致城市的生态环境脱离了自然环境，甚至失去了自主更新能力。随着城市化的不断推进，城市环境也会不断恶化。

20 世纪 90 年代美国芝加哥和洛杉矶等较大城市，不透水路面面积为 72.7%。从我国现有大中城市的路面使用情况来看，不透水路面占有非常大的比例，相关统计数据显示，北京市和上海市的不透水路面面积达 80%以上。目前发达国家主要城市，不透水道路面积都保持在 50%以内。我国城市不透水路面面积的比重远远高于西方发达国家，而这一问题可以通过透水铺装实现雨水渗透。透水铺装被誉为“会呼吸的”地面铺装，本身具有良好的生态效益，并以其特有的柔性铺装构造为地面的检修、维护和改造带来便捷。它是海绵城市建设中的一项重要技术，广泛运用于城市道路、广场、停车场的修建等。

2.1.1 透水铺装的定义及应用

2.1.1.1 透水铺装的定义

透水铺装是指将透水良好、空隙率较高的材料应用于道路面层、基层甚至土基，在保证一定的道路设计强度和耐久性的前提下，使雨水能够顺利进入铺装结构内部，流过具有临时贮水能力的基层，直接渗入土基或通过铺面内部的排水管排出，从而渗入地下、减少地表径流的一种铺装型式。

透水铺装与之前的铺装方式相比，采取了截然不同的雨水处理思想及方法。之前广泛使用的不透水铺装都是将雨水尽可能地隔绝在铺装结构层之外，使其在道路表面漫流或通过道路表面汇流集中排入道路两旁排水构造物中。而透水铺装则通过在多层铺装结构中完全使用透水材料，利用其自身多空隙结构的较强渗透能力，将降雨暂时存储在铺装结构层的空隙中，形成地下水库。由于透水铺装各结构层材料经常处于潮湿状态或饱水状态，其铺装结构的整体承载力会因受到水的影响而降低，所以现阶段这种铺装结构主要用于停车场、人行道、展会的会展区步行道、城市休闲广场等对承载负荷要求不高的地方。

2.1.1.2 透水铺装的应用

1940 年，英国空军首次采用了透水铺装来迅速排除飞机跑道上的雨水。1995 年，英国考文垂大学的教授设计出了评估用的透水铺装径流模型，并提出了透水铺装应用的优缺点。德国政府在 2010 年，要求其国内 90%的道路设计成透水性道路，以减小径流量，并制定了相关的法律法规。美国的透水铺装始于 1970 年，起初在佛罗里达州应用于道路停车场等承受荷载较小的地方，随后进行了更深入的研究与应用。日本东京对于透水铺装也十分重视，在东京的广场、停车场、公园等地，随处可见透水铺装的应用。

我国的透水铺装起步较晚，仍处于初级阶段。随着人们环保意识的提高，透水铺装逐渐进入了国人的视线。北京园林花卉博览会公园在道路及广场上使用了透水铺装，同时，政府鼓励在广场、公园、停车场和人行道等地采用该技术。天津的海河整治工程、上海的世界博览会都采用了透水铺装技术。杭州市、三亚市的多个小区，也开始采用透水铺装，并取得了较好的效果。

2.1.2 透水铺装的特点

2.1.2.1 透水铺装在城市中使用的优点

(1) 透水铺装能够使雨水透过地面原有的径流回渗到地下，可以有效地还原、补充地下水，维持地下生态系统平衡，防止地表沉降及路面塌陷，还可以创造舒适的城市环境，恢复土壤的原有功能，使生物群落特别是以微生物为食物的动植物群更容易栖息生长，保持自然界生物链的稳定。

(2) 雨水通过透水铺装的透水路径将直接下渗到下部土壤，既减轻了城市管网的排水压力，又使雨水在下渗的过程中得到过滤、净化，缓解了江河湖海等自然水体受道路表面径流而产生的污染压力。

(3) 透水铺装能够通过土壤有效吸收太阳热量和周围环境释放出的其他热量，在自然环境温度不断降低时又可以将之前存储的热量放出，很大程度上还原了自然界的恢复能力，缓解了“热岛效应”。

(4) 透水铺装采用多孔结构，能有效吸收汽车、摩托车及交通环境以外的各类噪声，能有效改善城市噪音污染。

(5) 透水铺装除在城市生态环境中表现出极大的优越性之外，还在提高行车安全方面发挥了积极的作用。

透水铺装表面的孔隙使得投射到表面的光线产生扩散、反射，避免了光滑地砖或石材常出现的因定向反射造成的眩光问题。透水铺装还可有效消除积水，抗滑、减少雨天水雾、水漂，提高行车安全。据统计，可使交通事故减少85%。

2.1.2.2 透水铺装与其他铺装形式的区别

普通铺装为了避免降水进入结构内部导致结构层受损，其表面采用不透水材料，降水通过路表漫流或路表汇流的方式汇入道路两侧边沟或雨水井等排水设施。

排水性铺装是指铺装的结构层面层采用透水性材料，而基层采用不透水性材料的铺装形式，这样雨水能进入面层，并在面层里自由流动，从基层顶侧向流出。

保水性铺装是指铺装的结构层及面层采用透水并能保水的材料，基层采用不透水材料，面层和基层之间不存在侧向排水，降水既可以通过路表漫流或路表汇流的方式汇入道路两旁的排水设施中，也可以暂时存储在透水、保水的面层结构中。存储在面层结构中的水无法侧向排出，最终只能通过蒸发的形式回归到大气循环中。

透水铺装是在铺装结构层中全部使用透水材料，降水既可以通过路表漫流或路表汇流的方式汇入道路两旁的排水设施中，也可以从铺装结构的最顶面即路表一层层垂直下渗，接入地下水系统。这种做法除了拥有排水性铺装与保水性铺装的一定功能外，还能补充日益稀缺的地下水资源，大暴雨来临时，更有溢洪作用，防止城市局部漫水。

以上四种不同的铺装结构对于降水的处理方式见图 2.1。

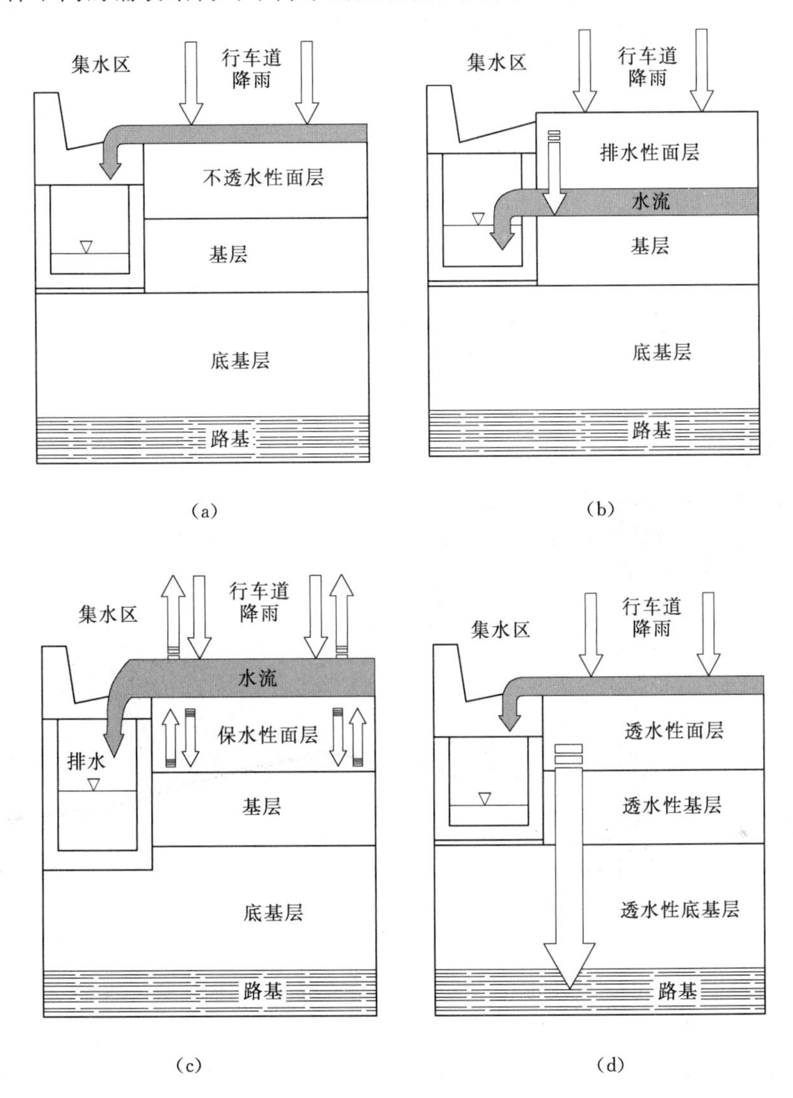

图 2.1 四种铺装结构对雨水的处理方法

(a) 普通铺装结构；(b) 排水性铺装结构；(c) 保水性铺装结构；(d) 透水铺装结构

2.1.3 透水铺装类型和构造

2.1.3.1 透水铺装的类型

在我国，透水铺装主要用于高速公路、城市道路、园区道路、步行道、停车场、广场等。按不同的分类方式可以将透水铺装分成多种类型，与工程应用联系紧密的分类方式有以下三种。

按透水铺装的用途可分为：人行道透水路面、非机动车道透水路面、机动车道透水路面、停车场透水路面等。以上各类路面上作用荷载的类型、大小、频率相差较大，工程中应根据不同使用场合来决定透水路面的材料和对路基性能的要求等。

按透水路面的水流路径可分为：基层不透水路面、基层半透水路面和基层全透水路面。

按透水路面的面层材料可分为：透水性地砖路面、透水混凝土路面和透水沥青路面等，我国传统的用于园林铺地的鹅卵石地面铺装也是透水铺装的一种。透水性地砖路面一般用于道路步行道，透水混凝土路面一般用于园区道路、非机动车道等，透水沥青路面一般用于城市快速路或高速公路，植草砖一般用于停车场。

(1) 透水性地砖路面。

目前，市面上的透水砖种类繁多，按形状可分为矩形砖、方形砖、缺角砖、嵌角砖、三角砖、菱形砖、梯形砖、互锁砖等。为了呈现出更佳的视觉效果，给“灰色”的城市道路加点色彩，市面上出现了各种颜色的透水砖，通过一定形式拼接，可创造出各种各样的彩色图案，如图 2.2 所示的透水砖步行道。有些地砖可以与绿植相结合，形成半绿化地面。这种透水砖可以通过不同的拼接形式实现不同的绿化比例，创造多种植草效果，从而大大地丰富园林景观效果，如图 2.3 所示的嵌草砖停车场。

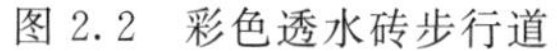
图 2.2 彩色透水砖步行道

图 2.3 嵌草砖停车场

从产品本身的特性和使用功能上又可将透水砖分为砖体本身透水的透水砖和砖体本身不透水或自身只能渗水或微弱透水的透水砖。自身透水的透水砖比较常见，这类透水砖常用于步行道的铺面。本身不透水的透水砖的透水功能靠铺贴或拼凑组合时砖与砖之间的接缝实现。单体不透水的透水砖是将不同的砖块按一定规格组合、粘贴在一起，使雨水从砖缝处渗入地下，达到透水的目的。北京奥林匹克公园中轴路考虑到行驶重型车和整体美观的需要，在中间 24m 范围内铺设花岗岩，铺装缝隙采用透水缝隙以达到雨洪利用的目的。

透水砖的材料一般有粗集料、水泥、砂、水、添加剂等。本着节约资源、变废为宝的环保理念，不少学者开始将目光转向废料市场，包括建筑垃圾、废玻璃、废陶瓷、生活垃圾等。大量研究表明，将上述废料的掺加量控制在一定范围内时，所加工的透水砖完全满足行业需求，同时还会提高某种性能。

(2) 透水混凝土路面。

透水混凝土路面实为大孔混凝土，采用单一粒级粗集料，同时严格控制水泥浆用量，使其恰好包裹粗骨料表面而不致流淌填充骨料间的空隙，这样便在粗骨料颗粒间形成了可透水的较大空隙，如图 2.4 所示。透水混凝土通常不加砂，但也可以加入少量砂以增加强度。为加大渗透能力，保证路基强度，也可以增加附属排水系统，排水流入城市管网或蓄水系统。透水混凝土路面的施工方法为现场浇筑，如图 2.5 所示。目前，这种铺装类型多数应用于园林绿地、公园、球场等，图 2.6 为公园里的透水混凝土道路。

图 2.4 透水混凝土

透水混凝土道路已经在北京奥林匹克公园和上海世界博览园区等多项实际工程中得到应用，其优良的透水性能和质朴美观的视觉效果，使之成为工程应用领域中的一个亮点，并推动了透水混凝土在我国研究及应用的热潮。

图 2.5 透水混凝土路面铺设现场

图 2.6 透水混凝土道路

（3）透水沥青混凝土路面。

透水沥青混凝土路面采用较大用量的单一粒级粗集料制成，砂和填料用量较少，属于级配沥青混合料的一种。它只是在路表面采用透水沥青，底面层仍是普通沥青，底面层两侧增加碎石排水暗沟，渗水通过路面底面层横向流入两侧的排水暗沟中，每隔一定距离在路边设置渗水井，雨水可以通过渗水井渗透到路基以下或统一排到蓄水池中储存起来以便循环利用。这就要求底面层施工时一定要控制好道路的横坡，否则沥青路面会有层间水长期存在，会造成道路的破损。透水沥青面层的施工现场如图 2.7 所示，透水沥青面层如图 2.8 所示。

2.1.3.2 透水铺装的构造

透水铺装路面一般由四部分构成，如图 2.9 所示。

根据荷载大小及土壤渗透性的不同，所采用的透水铺装结构也有差别。当土基渗透系数大于 10^{-6}m/s，且渗透面距离地下水面大于 1.0m，路面用于人行道、非机动车道或者景观硬地时，可以采用基层全透水结构，各结构层及其功能材料见表 2.1。

图 2.8 透水沥青道路

图 2.7 透水沥青面层铺设现场

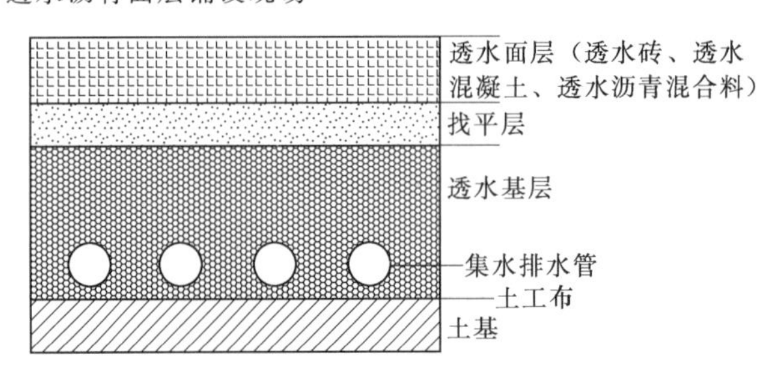

图 2.9 透水路面一般结构

表 2.1 透水铺装全透水结构组成要素

结构层	功　　能	材　　料	备　　注
面层	直接承受荷载、透水、贮水、抗磨耗、抗滑	透水砖、透水混凝土面层、透水沥青面层	—
找平层	透水、施工找平、连接面层和基层	中砂、干硬性水泥砂浆	当面层结构为透水水泥混凝土，或面层为小尺寸的透水砖时可不设置
基层	主要承受荷载、透水、贮水	透水水泥混凝土、透水级配碎石、透水水泥稳定碎石	—
底基层	防止渗入路床的水或地下水因毛细现象上升，缓解含水土基冻胀对路面结构整体稳定性的影响，同时具有承载、透水作用	透水级配碎石	—
垫层	防止渗入路床的水或地下水因毛细现象上升，缓解含水土基冻胀对路面结构整体稳定性的影响	天然砂砾	当土基为透水性能较好的砂性土或底基层材料为级配碎石时，可不设置垫层
土基	吸收、贮存结构层下渗水	适宜修建透水人行道的各种土壤	

全基层透水型透水路面不仅面层、基层用透水材料，垫层亦为透水的砂垫层等，土基上方常设透水型土工网格布以提高承载力。雨水沿面层、基层、垫层一路下渗，最后渗入路基中。透水混凝土路面基层全透水结构典型示意图如图 2.10 所示。我国《透水水泥混凝土路面技术规程》（CJJ/T135—2009）规定，级配砂砾及级配砾石基层、级配碎石及级配砾石基层和底基层总厚度 h_2 不小于 150mm。

轴载 4t 以下的城镇道路、停车场、广场、小区道路，可采用基层半透水型透水路面。此类路面不仅面层为透水材料，基层亦为透水性好的级配碎（砾）石等，垫层则为沥青砂等不透水材料，土基上方常加设非透水性防渗土工布。雨水依次透过面层、基层后，沿不透水垫层的顶面排出路基之外，路基亦不受路面渗水的影响。透水混凝土路面基层半透水结构典型示意图如图 2.11 所示。我国《透水水泥混凝土路面技术规程》（CJJ/T135—2009）规定，稳定土基层或石灰、粉煤灰稳定砂砾基层和底层总厚度 h_2 不小于 180mm。

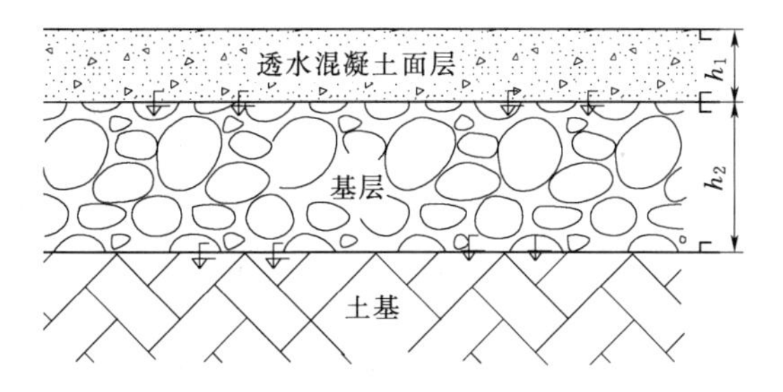

图 2.10 透水混凝土路面基层全透水结构典型示意图

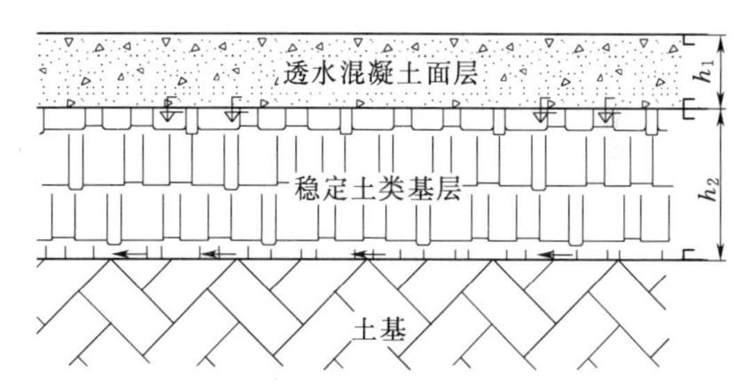

图 2.11 透水混凝土路面基层半透水结构典型示意图

轴载 6t 以下的城镇道路、停车场、广场、小区道路，应采用基层不透水排水结构。另外，对于湿陷性黄土、盐渍土、砂性土也应采用基层不透水结构，同时设置排水措施。基层不透水路面仅面层使用透水材料，基层采用不透水材料。雨水透过面层后，沿不透水基层顶面直接排出路基之外，路基不受路面渗水的影响。透水混凝土路面基层不透水结构典型示意图如图 2.12 所示。我国《透水水泥混凝土路面技术规程》（CJJ/T135—2009）规定，水泥混凝土基层的抗压强度等级不低于 C20，厚度 h_2 为 100～150mm，稳定土底基层或石灰、粉煤灰稳定砂砾底基层厚度 h_3 不小于 150mm。

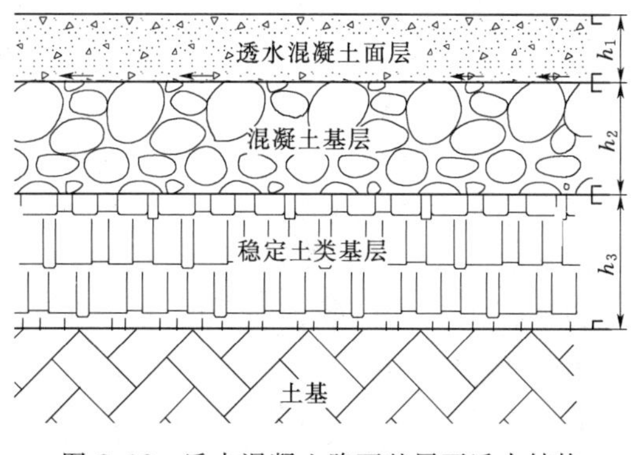

图 2.12 透水混凝土路面基层不透水结构典型示意图

事实上，以透水混凝土为面层的基层不透水路面在实际工程中应用较少，透水性沥青路面（OGFC，又称为排水沥青路面、大空隙沥青路面）属于此类型路面，在我国应用较广泛，大多数应用于城市道路或者高速公路。透水性沥青路面表面采用透水沥青面层，基层采用沥青类不透水材料或加设沥青封层。

2.1.4 透水铺装的空隙结构和容水能力

2.1.4.1 透水铺装的空隙结构

透水铺装材料通常是由粗集料（或含一定量细集料）和胶结材料组成的，多采用单粒级或间断粒级粗集料作为骨架，胶结材料（水泥或加入少量细骨料的砂浆薄层或沥青等）包裹在粗集料的表面，各集料颗粒通过硬化的胶结材料形成多孔的堆积结构，因此透水铺装材料内部存在大量的连通空隙，且多为直径超过1mm的大孔。

透水铺装材料空隙结构模型如图2.13所示，由三部分组成：连通孔隙、半连通孔隙和封闭孔隙。

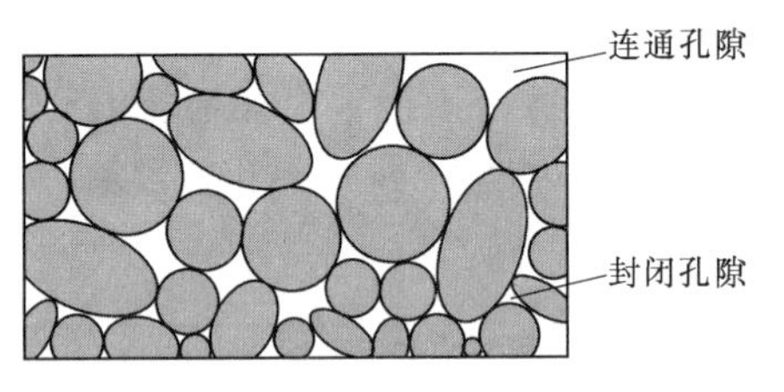

图2.13 透水铺装材料空隙结构

2.1.4.2 透水铺装的容水能力

在透水铺装设计中需要重点考虑三个因素：预期的降水量、路面特点和地下土壤的性质。而在透水铺装系统中，水文因子决定于路面允许的地表径流强度。降雨后，一部分雨水被地面的洼地存储，一部分渗入土壤，还有一部分被地表植被吸收，所以径流量要低于降雨量。同时，径流也是土壤特性的一个表现，尤其是渗透率，砂质和干旱的土壤能够快速吸收雨水，而致密的黏土几乎不能吸收水分。同样，径流也受雨水类型的影响，不同的降雨强度导致不同的径流量。

设计透水铺装时必须考虑两个条件：渗透性和存储能力，即透水铺装的透水和容水能力，不应出现由于渗透能力差或储存能力不足而导致的地表径流过量的问题。

以透水混凝土路面为例，渗透率的设计必须能够满足所有降水都能渗入混凝土表面的要求。如渗透率为140L/(m^2·min)，则在到达渗透极限之前，至少容纳24mm/s的降水。在设计中，渗透率不是决定性因素，而通过地基的水流速度则更具限制性。

透水铺装结构的总存储量（容水能力）包括透水面层容量、透水结构层（基层）和垫层的容量，以及渗入地下土壤的水量。透水铺装结构理论容水量由其有效空隙率（能够被雨水填充的空隙）决定。如果透水铺装结构的有效空隙率为15%，则每100mm的路面深度可容纳15mm的降雨。也就是说，厚度为100mm、空隙率为15%的透水路面，若其底层（基层）为非透水结构，在雨水径流前可容纳相当于15mm的降水。

以上估算成立的条件是整个路面系统完全水平。如果路面不是水平的，则较高一端的空隙未被填满，水流向较低的路面，一旦较低一段的路面空隙被填满，水就会流出，限制了透水路面的优越性。

坡面带来的有效容积损失是非常明显的，所以路面的坡度是在进行路面设计时必须考虑的因素。设计坡面的透水面层和基层厚度时，应考虑使其能够满足径流量的处理目标，或结合其他方法解决过量水流的问题。

2.1.5 透水铺装的下渗原理

2.1.5.1 基质势和重力势

雨水在透水铺装的整个入渗运动过程是在基质势和重力势的综合作用下完成。基质势也称为“毛管势”“间质势”，具体定义为：在土壤基质（固体颗粒）的吸附作用下，土壤水较自由水降低的自由能（势值），它是弯月面力和土壤吸附力综合作用的结果。水被土壤基质（固体颗粒）吸附后，自由活动能降低，与处于同样外压、高度、温度和浓度下的不受基质影响的自由水（势值为零）相比，基质势总为负值。重力势是由于地球自转对物体产生吸引力形成的势能，通常是物体的重量和相对高度的乘积。

2.1.5.2 透水铺装的下渗原理

雨水在透水铺装结构中的下渗过程可以分为两个阶段：首先为吸湿过程，雨水把材料中的固相介质颗粒浸湿，在其表面形成薄膜水和吸湿水，在小空隙内形成毛管水，这个过程中起主导作用的是基质势，重力势起次要作用；然后是传递过程，固相介质中大空隙为雨水提供了非常富裕的空间，雨水不断进入并持续填充在大空隙中，当水量超过吸附作用和毛管作用所能吸持的最大限度后，后续的雨水在大空隙中迅速集结，雨滴已经无法再去填充固相颗粒周围的大空隙，在重力势的驱动下，汇集成水滴不断向下运动达到下层固相颗粒表面，形成大空隙流，重力势在该过程中起了主导作用。吸湿过程和传递过程交替进行，湿润锋不断向下推进，这便形成了下渗的过程。通过下渗过程分析能够看出，透水铺装材料中的水分形态和一般土壤中的水分形态是一致的，即由吸湿水、薄膜水、重力水和毛管水组成。不同之处在于透水铺装介质中绝大多数是大空隙，小空隙很少，所以与土壤介质相比，毛管作用表现不明显，重力作用占主导，是下渗过程的主要驱动力。

透水铺装材料下渗水量等于基质下渗量和大空隙入渗量之和。基质下渗量可以看作介质达到田间持水量（在地下水较深或排水良好的土地上充分降水后，可以使水分充分下渗，并防止其蒸发，土壤剖面所能维持的较稳定的土壤水含量）。通过观察其入渗过程，考虑入渗过程中介质层之间的关系，对每一层介质而言，在含水量达到最大持水量之前，水分是不会向下传递的，在达到最大持水量之后，在重力势的影响下，会迅速向下传递到下层介质并形成大空隙流。大空隙流入渗相当于水力学中管流的过程，水滴沿介质表面的曲折管道流动，这种流态贯穿整个入渗过程，当地表产生积水时，表层空隙被水完全填充，相应的大空隙流成为满管流。在透水铺装结构中，由于材料类型、结构层次和空隙大小的不同，雨水在整个透水路面入渗过程中就会有差异，基底土壤的渗透能力要比其上透水铺装结构层小很多。透水铺装结构层的入渗以重力流为主导，基底土壤中的入渗则是基质吸力和重力的综合作用。考虑到降雨强度大小对入渗过程的影响，有以下三种情况。

（1）降雨强度小于基底土壤导水率。雨水在透水铺装结构层中完成吸湿和传递过程，该过程一直向下传递，延续至基底土壤内。

（2）降雨强度大于基层土壤导水率，小于透水铺装结构层导水率。雨水在透水铺装结构层内的入渗过程与第一种情况一致，当湿润锋面到达基底土壤表面时，因基层土壤导水率比透水铺装结构层小且小于降雨强度，所以在土壤表层会产生积水，雨水在基底土层的入渗按照有土壤表层积水的情况向下入渗，在该降雨强度范围内随降雨时间的增长，基底土层土壤表面积水逐渐增加，最终向上穿过透水铺装结构内部，到达透水铺装结构表面，形成地表积水，并沿地表坡度形成路表径流。

（3）降雨强度大于透水铺装结构层导水率。与透水铺装结构层导水率相等的那部分雨水入渗过程与第二种情况一致。另有一部分多余的雨水在透水铺装结构层表面汇集成积水并形成路表径流。

2.1.6 透水铺装表面径流特性分析

2.1.6.1 径流延迟时间计算

降落到透水铺装结构表面的雨水，由于吸湿过程和传递过程需要时间，并不会马上在道路表面产生径流，而且前文已经提到只有降雨强度大于基层土壤（或透水铺装）的导水率并且基底土层表面积水达到透水铺装表面时，才会产生路表径流，而这个过程需要时间，即开始降雨与开始产生径流之间有一个时间差。另外，降落到透水铺装结构表面的雨水由于洼地的存在有可能一部分暂时存储在洼地里，这部分雨水可以看作是降雨损失。综上所述，透水铺装结构的降雨-径流关系如图 2.14 所示。

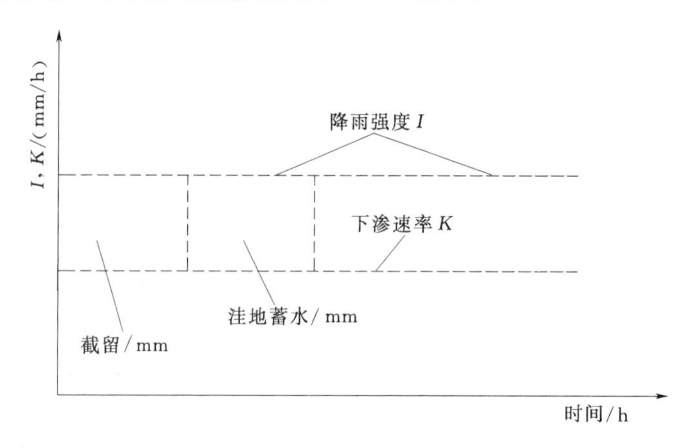

图 2.14 降雨-径流关系示意图

现假设降雨强度与下渗速率是不变的。考虑到初期降雨损失，下渗过程使透水铺装表面径流产生的时间相应延迟。开始产流的时刻记为 T_e，则径流延迟时间可以按式（2.1）计算：

$$IT_e=(X_t+S_d)+KT_e \tag{2.1}$$

式中 I——降雨强度，mm/h；

T_e——径流延迟时间，即开始降雨与开始产流的时间差，min；

X_t——树木、植物的截留，mm；

S_d——洼地需水量，mm；

K——渗透系数。

截留量和洼地需水量的推荐值见表 2.2。考虑到降雨前的湿润情况，透水铺装的降雨初始损失量可按照表 2.2 中推荐值的 50%计算，则式（2.1）可变为式（2.2）：

$$T_e=\frac{0.5L}{I-K} \tag{2.2}$$

计算区域由不透水区和透水区组成的情况下，T_e 可按式（2.3）计算：

$$T_e=\frac{0.5L_pA_p+L_iA_i}{IA-KA_p} \tag{2.3}$$

式中 L_p——透水铺装初始损失量，mm；

A_p——透水铺装面积，m^2；

L_i——不透水铺装初始损失量，mm；

A_i——不透水铺装面积，m^2；

A——区域总面积，m^2。

表 2.2 截留量与洼地需水量的推荐值

下垫面类型	截留量 X_t/mm	洼地需水量 S_d/mm		初始损失 $L=X_t+S_d$
		陡坡	缓坡	
森林	2.5～7.5	7.5	20.0	10.0～25.0
草坪	2.5～5.0	5.0	12.5	7.5～15.0
景观区	2.5	20.0	50.0	25.0～50.0
大空隙铺装	0.0	2.0	4.0	2.0～4.0
路面	0.0	1.0	2.5	1.0～2.5

计算区域由不同的透水铺装组成（如景观区、森林、草地等）时，T_e 可按式（2.4）计算：

$$T_e=\frac{0.5\sum L_pA_p+\sum L_iA_i}{IA-\sum KA_p} \tag{2.4}$$

式中 $\sum$——不同类型的透水铺装初始损失量与面积的乘积求和。

在式（2.2）中，若透水铺装结构的渗透系数大于降雨强度，即 $K>1$，则 T_e 结果为负值，也就是说，透水铺装表面不会产生径流。如果要计算的汇水区内有一部分具有高透水性的透水区域，并且此区域不与其他不透水区域相连，即此区域是相对独立的，此时，K 将受限于 I，这种情况可用 K 替换式（2.3）和式（2.4）中的 I。

2.1.6.2 径流体积计算

降雨量在满足初期降雨损失之后，如果降雨强度大于下渗速率，就会产生地表径流，如图 2.15 所示。

根据图 2.15，径流量深度可按式（2.5）和式（2.6）计算：

$$R=I(T_d-T_e)-K(T_d-T_e) \tag{2.5}$$

$$R=(T_d-T_e)(I-K) \tag{2.6}$$

式中 R——径流深度，mm；

其余符号意义同前。

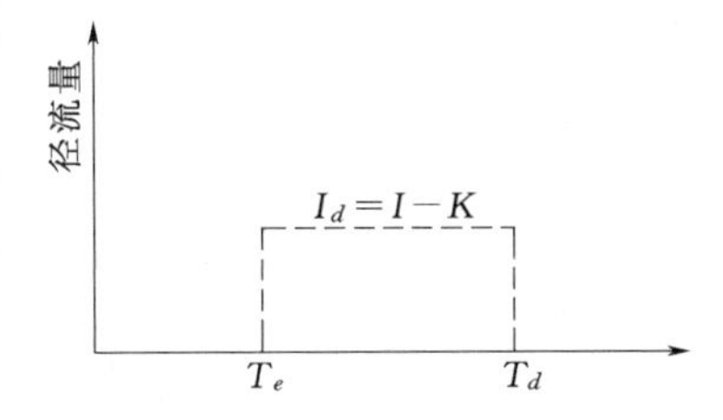

图 2.15 透水铺装表面径流示意图

式（2.5）中，T_d-T_e 为降雨持续的时间，$I(T_d-T_e)$ 表示不考虑初损情况下，在 T_d-T_e 时间内的净降雨深度，$K(T_d-T_e)$ 表示产生地表径流后在 T_d-T_e 时间内透水铺装结构的下渗量。当 $I\leqslant K$ 时，渗透过程受到降雨强度的限制，此时 $R=0$。若区域内既有透水铺装也有不透水区域，式（2.6）可变形为

$$R=(T_d-T_e)\left[I-K\frac{A_p}{A}\right] \tag{2.7}$$

$$R=\frac{(T_d-T_e)[IA_i-(K-I)A_p]}{A} \tag{2.8}$$

式（2.7）和式（2.8）适用于 $I \geqslant K$ 的情况，不论铺装是否与透水铺装相连接。如前所述，对于任何独立的高渗透性区域来说，在（$K \geqslant I$）的条件下，渗透系数 K 会受限于降雨强度 I。但是，若不透水铺装表面径流（例如不透水的道路或者屋顶产生的径流）排至透水区域，那么，这些径流就可能部分或全部通过透水铺装结构渗透消纳。考虑到不透水区域水量（$A_i I$）和透水区域扣除下渗水量后还剩余的容水量 $A_p(K-I)$ 之间的大小关系，在 $K>I$ 时，具体又分两种情况讨论。第一种情况：$A_i I \leqslant A_p(K-I)$，即不透水区域单位时间的水量比透水区域的剩余容水量小，则不透水区域中的水通过径流流至透水区域下渗，此时，$R=0$。第二种情况：$A_i I > A_p(K-I)$，即不透水区域单位时间的水量比透水区域的剩余容水量大，则不透水区域中的水通过径流流至透水区域，部分下渗后，仍然有一部分剩余水量形成路表径流，这时采用式（2.7）计算径流深度。

径流体积与平均径流深度 R 有关，具体可用式（2.9）算出：

$$V=cRA \tag{2.9}$$

式中 V——径流体积，m^3；

c——单位转换系数，取值 0.001；

R——径流深度，mm；

A——汇水区面积，m^2。

2.1.6.3 径流速率和径流时间

对于降雨，洪峰流量达到最低透水路面边缘或受水地区的边缘，与透水铺装表面径流的速率有关。在水文模型中，透水铺装表面径流速率是通过汇流的时间来反映的，汇流时间即透水铺装地表径流从最远点流至排放点需要的时间。在实践中，很少有测透水铺装的表面流速，因此，只有通过一般理论来估计径流速率和径流时间。估计表面薄层水径流时间可以采用曼宁公式变形的理论公式（2.10）：

$$T_t=0.007\frac{(nL)^{0.8}}{P_2^{0.5}S_{0.4}} \tag{2.10}$$

式中 T_t——汇流时间，h；

n——曼宁粗糙系数；

L——汇流路径长度；

P_2——2 年重现期，24 小时降雨量；

S——汇流路径坡度。

式（2.10）可用于估算给定的铺装的汇流时间，还可以通过对公式中的参数分析来确定透水铺装对汇流时间的影响。其中，参数 n 是曼宁粗糙系数，透水路面曼宁系数的大小介于草地和密实铺装之间。在式（2.10）中相同长度的汇流路径条件下，透水铺装中较高的曼宁系数使得其汇流时间要比同条件下的密实铺装更长。随着 P 值减小，表面径流的流速与曼宁粗糙系数的关系更加紧密。在相同径流深度条件下，透水铺装由于其较粗糙的表面结构，对水流的阻碍作用较同条件下的密实铺装明显。所以，相同的径流深度下，透水铺装的汇流时间要长于密实铺装。总而言之，较大的曼宁系数和较浅的汇流深度都能够使透水铺装的汇流时间延长。

2.1.6.4 峰值流量计算

图 2.14 显示，均匀降雨强度的径流为矩形，该矩形的面积代表了汇流区域的平均径流深度。假设径流深度均匀变化，则径流量可近似看成梯形，如图 2.16 所示。

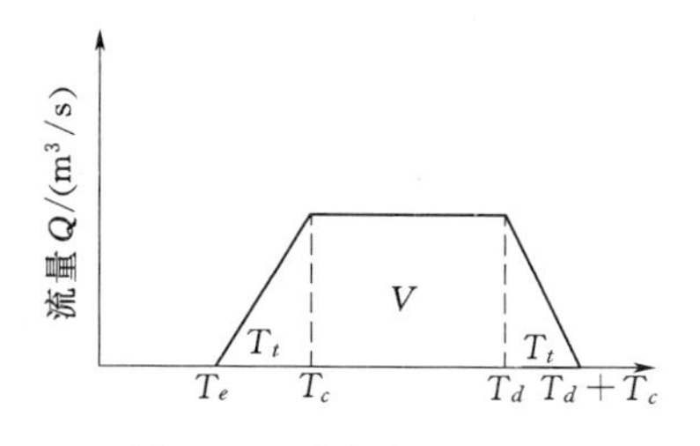

图 2.16 峰值流量示意图

在图 2.16 中，T_c 指汇水面积内径流的流行时间，梯形面积等于由式（2.9）计算的径流体积。由图 2.16 可得汇流时间为

$$T_c = T_e + T_t \tag{2.11}$$

式中 T_t——通过整个汇流面积的径流流行时间。

则径流峰值流量可按下式计算：

$$Q = \frac{V}{3600(T_d - T_e)} \tag{2.12}$$

联合式（2.7）、式（2.9）、式（2.12）可得：

$$Q = 0.278 \times 10^{-6}(IA - \sum KA_p) \tag{2.13}$$

式中 Q——峰值流量，m^3/s；

其他符号意义同前。

以上公式说明，与合理化公式相反，峰值流量与降雨强度不一定成比例。为简便起见，该通用方法在计算过程中假设降雨均匀。事实上，该方法可以延伸至任何形式的降雨。

2.1.7 透水路面的主要病害和维护管理

2.1.7.1 透水路面的主要病害

透水路面出现的病害主要包括两方面：结构性病害和功能性病害。结构性病害主要表现为飞散、坑槽、结合料老化等，功能性病害主要为空隙堵塞导致的排水不畅。国外透水沥青路面主要病害调查结果见表 2.3，由于建成年代较早，距离现在近二三十年，结构性病害较严重，都出现了不同程度的飞散。我国于 20 世纪 90 年代才开始透水铺装相关研究，距今不过 20 年，且将其运用到实际又有一定的滞后，到 2008 年北京奥运会我国才开始大规模铺设透水性路面。北京地区透水路面主要病害调查结果、上海浦东地区透水沥青路面主要病害调查结果分别见表 2.4、表 2.5，从这两个表中可以看出，由于建成年代较晚，基本没有出现结构性病害，但无一例外地都出现了空隙堵塞情况。

表 2.3　国外透水沥青路面主要病害调查结果

国家	应用情况		主要病害	
	初次实施时间	路面统计寿命	结构性病害	功能性病害
荷兰	20 世纪 80 年代初	10～12 年	飞散、结合料老化	空隙堵塞
法国	1976 年	与传统路面相同	无突出病害	空隙堵塞
英国	1967 年	—	飞散	空隙堵塞
德国	1986 年	超过 10 年	飞散	空隙堵塞

续表

国家	应用情况		主要病害	
	初次实施时间	路面统计寿命	结构性病害	功能性病害
澳大利亚	1984年	—	飞散	空隙堵塞
西班牙	20世纪80年代初	—	少量飞散	空隙堵塞
葡萄牙	1991年	—	—	空隙堵塞
丹麦	20世纪80年代	—	飞散	空隙堵塞
日本	1987年	超过10年	飞散、坑槽	空隙堵塞

表2.4　　北京地区透水路面主要病害调查结果

路段	具体位置	透水铺装类型	建成时间	结构性病害	功能性病害
奥林匹克公园	国家体育场北路北侧	600×300透水砖	2008年	无突出病害	空隙堵塞
	湖景东路东侧停车场	200×200透水砖	2008年	无突出病害	空隙堵塞
	大屯路以北的北中轴景观大道中部	200×100透水砖	2008年	无突出病害	空隙堵塞
	大屯路以北湖景西路河畔处	现浇透水混凝土铺面	2008年	无突出病害	空隙堵塞
博大公园	博大公园内	现浇透水混凝土铺面	2009年	无突出病害	空隙堵塞
金蝉西路	欢乐谷游乐园北侧	透水沥青混凝土磨耗层	2006年	无突出病害	空隙堵塞
长安街	长安街新闻大厦北侧	600×300透水砖	2009年	无突出病害	空隙堵塞
中国科学技术部	中国科学技术部南侧	600×300透水砖	—	无突出病害	空隙堵塞

表2.5　　上海浦东地区透水沥青混凝土路面主要病害调查结果

路段	应用情况		主要病害	
	实施时间	路面现状	结构性病害	功能性病害
浦东北路	2002年	良好	尚无突出病害	空隙堵塞
冬融路	2004年	良好	尚无突出病害	空隙堵塞
滨州路	2006年	良好	尚无突出病害	空隙堵塞
桃林公园	2006年	良好	尚无突出病害	空隙堵塞
五洲大道	2006年	良好	尚无突出病害	空隙堵塞
环南一大道	2006年10月	良好	尚无突出病害	空隙堵塞

空隙堵塞的影响因素有铺装类型（材料分布、结合料、最大公称粒径、空隙率、厚度）、交通（交通量、速度、重车比例）、环境（市区或是郊区、散装车辆的控制、植被）、铺装老化、气候和清洗等。随着时间的推移，空隙堵塞情况越来越严重，在未加干预（如养护作业）的条件下，堵塞是一个逐步加剧的过程。使用公称粒径更大的石料，提高空隙率，提高通行的车速，均可减缓堵塞的发展趋势，初始空隙率的提高赋予路面更大的灰尘容量。对于透水性沥青路面，首先堵塞的是最外侧车道，最外侧车道车速最慢，"泵吸效应"最小，另外，它是透水性沥青面层横向排水通道的末端，且靠近路侧绿化带，灰尘、

植被落叶等杂物富集，所以最容易堵塞。此外，轮迹带处堵塞情况好于非轮迹带处，这是因为高速行车伴随产生的“泵吸效应”使得快速道路的路面更不易堵塞。

2.1.7.2 透水路面维护管理

透水路面维护与管理的主要目的是使其保持良好的渗透性能及路用性能。作为一项交通设施，透水路面的维护要点跟普通路面无区别，日常维护要点有落叶杂物的清扫、冬季的融雪、交通线的重新喷涂以及出现结构性病害时的修补。作为一项雨水管理设施，透水路面的维护要点和雨水传输、贮存和处理系统相类似。

对于透水路面的功能性要求，铺装表面至土层的灰尘不一定会堵塞道路表面的空隙，但是经过轮胎的反复碾压，可能会发生堵塞，甚至堵死。因此，应禁止卡车或其他重型车辆将污物溢流至道路表面，禁止施工车辆及其他载有有害物质的车辆进入透水铺装路面区域。维护好透水路面周围的绿化带，防止雨天土壤冲刷至铺装表面，如果土壤已冲刷至表面，应立即清扫干净，防止进一步堵塞。另外，如果绿化带出现裸露的土壤或侵蚀区域，应立即补种植物。最好每半年检查一次绿化带，并清除内部的垃圾等杂物。

透水路面渗透性恢复的方法主要有以下几种：①清扫；②真空吸尘器；③压力吹扫；④冲洗；⑤高压水冲洗，见图 2.17。这几种方法对透水路面渗透性的恢复能力不同。

为维护透水性铺面的功能和平整，应实施适当管理与维护，以达到透水性铺面的可持续应用的目的，其要点如下：

(1) 铺面完工前 4 个月，每月检查 1 次，此后每年检查 4 次。

(2) 大雨后即可检查表面是否积水；若发现铺面严重阻塞，需翻修。

(3) 透水性铺面强度较弱，应设置告示牌，禁止中型车进入，避免使用不当造成结构破坏。

(4) 铺面应避免堆置砂土及其他粒料或粉状物料，禁止含泥砂的车辆进入，以免破坏铺面的透水性。

(5) 铺面周围地面应种植草皮，避免裸露地面的砂土进入。

(6) 铺面若接受临近地区排水，应视需要设置预处理设施，以去除漂浮物及沉渣，延长铺面使用寿命。

(7) 铺面应于每年雨季来临前检查透水性，透水性降低至一定程度时应立即进行清洗。

(8) 铺面每年清理 4 次，使用吸尘和高压水柱冲洗两道程序，高压水冲洗透水路面示意图如图 2.17 所示。

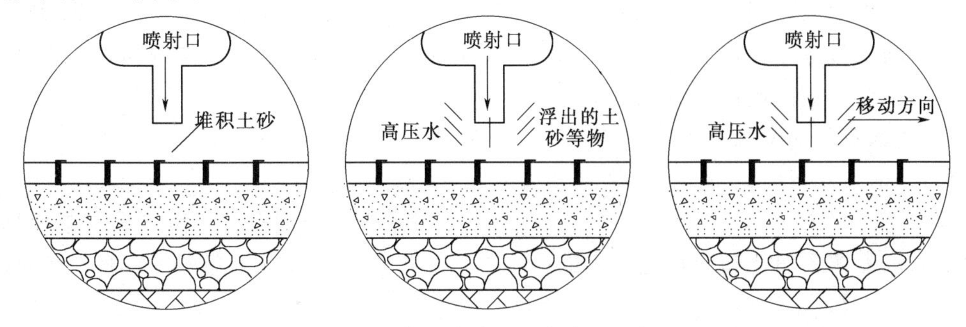

图 2.17 高压水冲洗透水路面示意图

【单元探索】

根据所掌握的透水铺装相关知识，结合所在城市道路、小区建设实际，发现可进行改善的关键点，开展个性化设计。

单元2.2 雨 水 花 园

【单元导航】

问题1：雨水花园的概念是什么？

问题2：雨水花园对于海绵城市建设的作用和价值是什么？

问题3：雨水花园由哪几部分组成？其常见的类型有哪些？

问题4：影响雨水花园的因素有哪些？

问题5：雨水花园表面积计算方法有哪些？如何计算？

问题6：雨水花园植物景观设计的要点？植物的配置策略有哪些？

问题7：雨水花园水景观设计的要点？

【单元解析】

随着城市的迅速扩张，水资源短缺制约城市发展，因此过量开采地下水，导致了地下漏斗、天坑和建筑物倾斜等一系列问题。建设雨水花园能够有效改变地表径流，雨水通过雨水花园的净化，下渗回补地下水资源，通过这种自然手段能够将城市发展后的水文状况逐渐恢复到城市未开发时的水平。

海绵城市为城市建设提出了新的规划思路，引导城市建设低影响开发设施，改变城市传统排水模式，提高雨水资源利用率。雨水花园作为一种新型生态雨洪控制与利用设施，是建设海绵城市的基础要素和补充。海绵城市建设以解决城市暴雨内涝和水资源短缺等问题为主要目的，雨水花园则助力海绵城市，改变地表径流，改善城市下垫面性质，收集利用雨水，使海绵城市的功能更加完善。

面对城市内涝与城市缺水两大难题，将海绵城市与雨水花园相结合，一方面，可以有效减少城市内涝频发现状，将雨水重新回收利用，缓解城市用水问题；另一方面，雨水花园为城市增加了新的景观，为城市空气新鲜、环境优美作出了巨大贡献。雨水花园的建设可以缓解城市用水矛盾，满足城市对低水质的大部分用水需求，减少对地下水资源的依赖程度；雨水花园同时也改变地表径流，推迟洪峰出现时间，减轻城市排水管网压力，减少城市内涝发生次数，同时也节约了城市市政建设的成本；建设雨水集蓄渗透等低影响开发设施，使雨水过滤净化之后再渗入地下，在涵养地下水、提高地下水位的同时，还可以调节城市小气候、遏制城市热岛效应。

2.2.1 雨水花园的概念及应用

2.2.1.1 雨水花园的概念

雨水花园（Rain Garden）是一种雨水节流生态系统，作为海绵城市的重要组成部分，是保证雨水滞留、净化和回补地下水的一个生态小群落。建设雨水花园可以解决城市洪涝和用水问题。

雨水花园的概念最早是由美国马里兰州乔治王子县的环境资源署在20世纪90年代将

其作为一种传统措施的最佳管理替代措施而提出的。较为初级、简易的雨水花园是一种低影响开发体系下的雨水管理设施，常见形式为一种种植灌木、花草及树木的具有景观效应的浅凹绿地，它吸收来自城市屋顶、道路、人行道、停车场及不透水的草坪等不透水区域的雨水，并通过土壤和植物的净化、过滤和下渗等方式来管理雨水径流。经过二十多年的发展，雨水花园的相关研究与应用日渐丰富，雨水花园的形式与构造也随着应用范围及尺度的丰富而不断进化和扩展。最初较为原始的雨水花园是一种建筑周边的种植洼地，功效上以雨水的滞留、植物及土壤对雨水的净化、下渗补充地下水为主，形式及功效都还较为简易和单一。随着越来越丰富的实践与探索，现代雨水花园在雨水管理的功能上越来越高效、科学合理，应用尺度上也更加灵活和丰富，进而带来了景观表现形式更加多变，景观艺术的设计空间也大幅提升。现今的雨水花园在雨水水量、水质的控制上更加科学，围绕雨水花园的雨水管理体系也更加具有系统性。丰富的应用尺度及多变的表现形式使得现今雨水花园的景观表现空间得到了扩充。因而，雨水花园已从一种简易雨水管理的场地开发工程措施发展为一种景观基础设施，在功能性和艺术性上都有了更大的提升。可以说，最初的雨水花园是一种具有一定景观价值的场地雨水管理措施，而现今的雨水花园更多的是融入了雨水管理理念的景观设计作品。

雨水花园可分为广义和狭义两种类型。凡是绿地建设中采用雨水收集、处理等生态技术，并形成美观景致的都是雨水花园，如房顶绿化、道路绿化、广场绿化等都可以归类到广义的雨水花园。狭义雨水花园是指自然形成的坑塘或人工挖掘的浅凹绿地，在坑塘或浅凹地里种植的植物及土壤的综合作用下使雨水得到净化下渗，涵养地下水资源；或者将雨水收集处理用于景观用水、提供生活杂水，甚至用于消防用水或应急用水。雨水花园是一种低影响开发设计、生态可持续的雨水利用设施。

2.2.1.2 雨水花园的应用

德国是雨水收集技术较为发达的国家之一，代表地区是汉诺威康斯伯格地区。该地区鼓励居民建设雨水收集设施，在雨水收集的末端，采用不同形式的雨水花园，不仅增添了美感，也对减少噪声污染和空气污染等作出了巨大的贡献。美国的雨水花园始于 20 世纪 90 年代的乔治王子县。该地区与开发商配合，鼓励当地居民建设雨水花园。目前，乔治王子县几乎每家每户都建设了雨水花园，不仅降低了造价，也减少了径流污染。乔治王子县的成功也被美国其他地区效仿，如俄勒冈州的波特兰市等。

我国的雨水花园技术应用较晚。2008 年，北京的奥林匹克公园是雨水花园利用的典型，对雨水的收集与回用起到了明显的作用。上海的辰山公园、陕西省西咸新区沣西新城（图 2.18）也是成功的典例。

图 2.18 沣西新城雨水花园

2.2.2 雨水花园的作用与价值

2.2.2.1 雨水花园的作用

（1）利用雨水资源。

雨水花园利用地形条件，根据气候、水文等因素，将分散的雨水转变为集中的水资源，为城市提供水源。对于干旱地区，这样的方式更有利充分发挥雨水花园的功能，提高雨水的利用率。

(2) 缓解城市雨洪压力。

雨水花园的建设，其目的在于减缓径流速度，通过滞留、渗透雨水，将雨水资源化。相比传统的快速排放的思想，雨水花园能更加有效地缓解雨洪压力。

(3) 净化水质。

雨水花园对雨水的净化通常需要雨水净化系统的共同作用，才能达到最好的去污效果。其净化功能包括四种：物理净化、植被净化、土壤净化和恢复水循环。

1) 物理净化：雨水花园收集、蓄存雨水，会使得一部分污染物有规律地沉降、固定于绿地之中，减少了其在风尘天气中四处扩散、污染周边水源及城市环境的可能性。

2) 植被净化：植物可以吸收雨水中氮、磷等有机物，释放碳元素，净化土壤；植被叶片对污染物有吸附功能，从而保证水质。植被作为雨水花园净化雨水的最大功臣，在设计时应该慎重考虑。植被的搭配选择，不仅能够影响雨水的净化效果，还会对环境造成不同的视觉感受。

3) 土壤净化：植物和土壤中所含微生物能降解渗入土壤的有机物、重金属、污染物等。植被代谢与土壤微生物作用共同组成净化系统，维持环境生态平衡，特别是在人口密集处，能达到有效地控制病源微生物扩散和传播的作用。

4) 恢复水循环：雨水花园通过收集、净化雨水，补充地下水来恢复水循环，主要包括两种方式：绿地渗透和设施渗透。首先通过自然渗透作用进行雨水处理，当渗透达到饱和产生地表径流时，需要设置渗透设施进行雨水渗透。

2.2.2.2 雨水花园的价值

(1) 经济价值。

雨水花园通过对雨水的净化、收集、再利用，改善我国水资源缺乏的现状，节省了资源的消耗，降低了城市用水成本，具有一定的经济效益。

例如，辽宁省抚顺市4个开发区的园区绿地，雨水花园的雨水收集、利用设施被纳入园区基础设施建设之中，根据开发区的新鲜水费用及污水处理费用核算雨水利用的经济效益。按抚顺市价格标准对4个开发区的雨水利用量均进行计算，新鲜水价格为1.45元/t，雨水回用水处理费用为1.20元/t，工业污水处理费用为3.12元/t。从计算结果可以看出，雨水利用将降低开发区新鲜水费用的11.9%以上，最高可达19.1%，经济效益明显。

此外，雨水花园的建设改善、美化城市环境，调节小气候，都进一步推动城市的经济发展，为城市带来更多的经济效益，成为城市的无形资产。

(2) 生态价值。

雨水花园作为一种生态技术措施，在缓解雨洪灾害、水资源再利用、水质净化、雨水渗透等水处理利用方面都表现出了良好的生态性。

同时，通过标识牌的设置，为人们提供了独特的景观体验，可以使更多人了解这一生态雨水利用措施。面对雨水花园对城市环境带来的各方面好处，人们自然会对其产生兴趣。雨水花园在潜移默化中影响着城市的人口素质，也提升了人们对生态学的关注度，具有生态教育意义。

（3）艺术价值。

1）外部景观形态：雨水花园的建设规划没有过多的人造痕迹，既经济环保又展现宛若天开的自然野趣之美，塑造了自然和谐的户外环境，满足了城市居民对自然景观的向往。

2）内部景观形态：雨水花园的景观形态是从美学及艺术的角度出发，是对具有雨水收集处理优势的补充和进一步的景观提升，其内部景观形态的丰富程度正是景观学科在完善生态理念和设计思想上的优势。

以往人们追求的经过精心雕饰与养护的园林景观已不适合于当今景观设计的发展，因其不仅破坏了生态系统还使景观失去了其本身的自然之美。雨水花园的建设，将景观的外在美与内在的功能性完美结合，向人们展示了园林景观自然外貌和内涵，内外兼修，才算是真正的自然之美。

2.2.3 雨水花园的结构和类型

2.2.3.1 雨水花园的结构

雨水花园依据其雨水管理功能的不同而有着不同的构成。较为常见的雨水花园核心构造通常由5个部分组成（图2.19）：蓄水层、覆盖层、种植土层、人工填料层和砾石层。蓄水层还应配合设计溢流设施，溢流设施的高度根据园中植物的耐涝特性以及雨水花园的尺度和处理雨水的能力来确定，以便超出其雨水管理量的雨水得以从溢流设施排入周边排水系统中。根据雨水花园与周边建筑物的距离和环境条件，可以采用防渗或不防渗两种做法。当雨水有回用要求或要将雨水排入水体时，还可以在砾石层中埋置集水穿孔管。

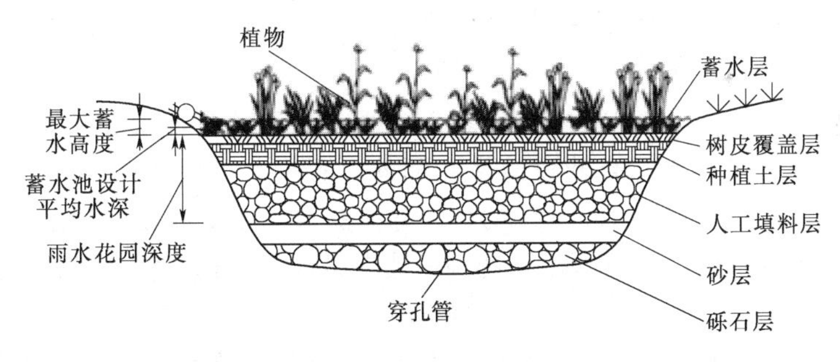

图2.19 典型雨水花园结构示意图

各层主要成分、厚度及功能如下：

（1）蓄水层。为暴雨提供暂时的储存空间，使部分沉淀物在此层沉淀，进而促使附着在沉淀物上的有机物和金属离子得以去除。其高度根据周边地形和当地降雨特性等因素确定，一般为100～250mm。

（2）覆盖层。一般采用木屑进行覆盖，对雨水花园起着十分重要的作用，既可以保持土壤的湿度，避免表层土壤板结而造成渗透性能降低，还可以在树皮-土壤界面上营造一个微生物环境，有利于微生物的生长和有机物的降解，同时还有助于减少径流雨水的侵蚀。最大深度一般为50～80mm。

（3）种植土层。种植土层为植物根系吸附以及微生物降解碳氢化合物、金属离子、营养物和其他污染物提供了一个很好的场所，有较好的过滤和吸附作用。一般选用渗透系数较大的砂质土壤，其主要成分中砂子含量为60%～85%，有机成分含量为5%～10%，黏土含量不超过5%。种植土层厚度根据植物类型而定，当采用草本植物时，一般厚度为250mm左右。种植在雨水花园的植物应是多年生的，可短时间耐水涝，如大花萱草、景天等。

(4) 人工填料层。多选用渗透性较强的天然或人工材料，其厚度应根据当地的降雨特性、雨水花园的服务面积等确定，多为0.5～1.2m。当选用砂质土壤时，其主要成分与种植土层一致。当选用炉渣或砾石时，其渗透系数一般不小于10^{-5}m/s。

(5) 砾石层。由直径不超过50mm的砾石组成，厚度200～300mm。在其中可埋置直径为100mm的穿孔管，经过渗滤的雨水由穿孔管收集进入邻近的河流或其他排水系统。

通常在人工填料层和砾石层之间铺一层土工布，是为了防止土壤等颗粒物进入砾石层，但是这样容易引起土工布的堵塞。也可在人工填料层和砾石层之间铺设一层150mm厚的砂层，防止土壤颗粒堵塞穿孔管，还能起到通风的作用。

2.2.3.2 雨水花园的类型

(1) 根据功能性分类。

1) 以控制雨水径流量为主要目的。此类花园首先考虑通过植被、土壤的共同作用达到滞蓄、下渗雨水的作用，控制径流量，且净化水质，增加地下水含量。一般常用在雨水径流受污染较轻的区域，如建筑围合的庭院、社区等区域。这类雨水花园不需要过于复杂的结构，不用设计专门的排水沟，但需要对地形、区位加以考虑，应注意以下几点：①雨水花园与建筑保持至少3m的距离以保护地基；②适宜选择土壤渗透好的低洼地区；③尽量选择光照条件好的区域，避免设计在枝叶茂密的大树下，树叶遮挡阳光，影响植被的生长发育。

在雨水花园的建设中，土壤的渗透率极为重要，该系数适合与否直接关系到能否营建雨水花园。在衡量土壤是否适合建设雨水花园的过程中，可以按照以下方法进行初步测定。首先在选定区域挖一个约1.5m深的坑，并注满水，如果所加的水能够在24h全部渗入地下，则证明该区域的土壤符合雨水花园的建造条件，若达不到该渗透条件，则需局部换土。

2) 以降低雨水径流污染为主要目的。此类雨水花园在滞留、渗透雨水的过程中，利用植物净化雨水，常设置在人员密集的道路、车辆较多的停车场等易产生严重雨水污染的的地区。

这类雨水花园对底层结构、土壤渗透系数及植被选择等更加严格，在土壤的配比、底层结构以及植物的选择上应该更加讲究。其砂质壤土与黏土的含水量分别约为35%～60%和25%，土壤渗透系数大于0.3m/d，土壤中含有的木屑及腐质材料有利于雨水花园的功能提升。此类雨水花园有净化和下渗、滞留雨水的双重作用，所以结构亦相对复杂，需设紧急溢流设备。

(2) 根据应用场地分类。

1) 坡度较小的建筑可采用绿色屋顶，例如住宅小区、工厂等，在屋顶适当种植绿色植物，通过落水管或集水井等设施将屋面雨水引入周边绿地、草坪等小型、分散的场地，或通过植草沟、雨水管网将雨水引入集中调蓄设施。绿色屋顶对建筑材料有较高的要求，要优先选择对雨水水质没有影响或者影响较小的环保材料，减轻雨水过滤净化的压力，从而节约建设成本。

2）街道式雨水花园主要应用于道路两侧等。道路硬化导致雨水难以下渗，在道路两侧修建雨水花园，路面雨水首先汇入道路绿化带及周边下凹式绿地内，下凹式绿地内设有溢流管，多余的雨水可以通过管网进入城市雨水管渠系统、超标雨水径流排放系统。街道式雨水花园设计要综合考虑道路横向、竖向设计以及道路绿化带等方面的因素。

3）公共区域雨水花园主要应用于停车场、广场、公园等公共区域。停车场、广场等应改变原有硬化地面，采用透水性铺装材质，使雨水容易下渗和汇集到周边的雨水花园中；公园内雨水花园应结合小型景观水体、公园湿地等将地表雨水有组织地汇流，进行雨水调蓄，通过生物沉淀、过滤技术净化雨水，提高水质，也可以利用湿地、湿塘等设施提高水体的自净能力。

2.2.4 建造雨水花园的技术指标

2.2.4.1 选址要求

（1）水平面较低之处，能够迅速收集、下渗降雨。

（2）可提升建筑外观效果之处。

（3）能获得大量光照之处。

（4）周边较平缓之处。

2.2.4.2 水文条件——降雨特点

全年降雨量的大小及降雨强度的差异会对径流、集流作用产生严重影响。降雨量和雨强与径流、集流效率呈正相关关系。所以，降雨量的分析结果对雨水花园的设计至关重要，直接影响雨水花园的设计面积及类型选择。

2.2.4.3 雨水花园的形态要素

（1）大小。

雨水花园大小较为随机，但以小型雨水花园为主，面积从几十平方米到几公顷不等。但据国外数据分析，$25m^2$ 大小为最佳面积，面积过大、雨水下渗过慢易发生堵塞现象。

（2）深度。

典型的雨水花园蓄水深度为10～20cm，若其深度不足10cm，导致渗水面积不足，就需要外接蓄水设施。若其深度大于20cm，则会影响景观效果，并增加幼儿溺水的危险系数。

（3）土壤结构。

土壤结构严重影响雨水的下渗速度，一般应将下渗时间维持在1～4h，以避免蚊虫滋生和异味的产生。砂土渗透率较强，也有助于植物根茎的生长，而根茎穿透土壤也有利于雨水下渗，因此砂土是雨水花园的理想选择。黏土具有较差的透气性和渗透性，渗透率为慢到中等最佳，一般0.25～1cm/h为宜。表2.6为不同雨量条件下各土壤的渗透性。

表2.6 不同降水条件下各类土质的渗透率（cm/h）

平均降雨量/mm	自然土坡	混凝土	黏土	砂土	壤土
200	0.018	0.006	0.25	0.30	0.45
300	0.025	0.014	0.27	0.38	0.49
400	0.046	0.023	0.34	0.44	0.59

（4）边缘线。

传统生硬的混凝土边缘线，既不具有自然生态性，又影响了植物去污能力。因此，雨水花园的边缘线可设计为不规则式，见图2.20，可以扩大植物、土壤与污染物的接触面，易于除去水中污染物。设计者应因地制宜，采用自然式的岸线设计方法，创造自然野趣的环境。

图2.20 不规则边缘的雨水花园

（5）坡度。

为使雨水渗透速度减缓，增加渗透率，可设计较缓的坡度，以减缓降雨汇流速度。另外，研究显示坡度保持不变也会加快径流速度。而陡缓穿插的坡度优于同一连续坡度，表面坡降比设计通常按0%～1%，具体还应随填料的物理属性不同而异。

2.2.4.4 周边环境的设计

周边环境要避免大量混凝土砌筑及周边大面积草坪的设计方式，草坪难维护，自我调节能力也不高，又易将污染物顺势冲刷至雨水花园，造成更严重的污染，既不经济也不环保。理想的做法应该是利用土壤等自然要素形成过渡区，加强花园的自然调节能力，同时也创造了一个动植物栖息地。

2.2.5 雨水花园表面积计算

计算确定雨水花园的表面积是雨水花园规划的核心步骤，其表面积主要受需处理的降水径流量、雨水花园土壤渗透能力等因素影响。国内外计算雨水花园表面积的方法主要有以下几种：①达西定律渗滤法；②蓄水层有效容积法；③比例估算法；④完全水量平衡法。

2.2.5.1 基于达西定律的渗滤法

（1）达西定律是渗流中最基本的定律，由法国水力学家达西于1856年经试验提出，反映了水在岩土孔隙中的渗流规律。可按下式计算：

$$v=KJ=K\frac{h_w}{L} \tag{2.14}$$

式中 v——断面的平均流速，m/s；

K——砂质土壤的渗透系数，m/s；

J——下渗起止断面间的水力坡度，无量纲；

h_w——沿下渗方向的水头损失，m；

L——下渗起止断面间的距离，m。

(2) 雨水花园渗流流速。

在蓄水层蓄满水的情况下，流速可按下式计算：

$$v_1 = K(2h + d_f)/d_f \tag{2.15}$$

在蓄水层没有蓄水的情况下，流速可按下式计算：

$$v_2 = Kd_f/d_f = K \tag{2.16}$$

式中 v_1、v_2——断面流速，m/s；

h——蓄水层设计平均水深，一般为最大水深 h_w 的 1/2，m；

d_f——雨水花园的垂直深度（种植土层和填料层），m。

设计时常取其平均值，按下式计算：

$$v = (v_1 + v_2)/2 = K(2h + d_f)/2d_f + K/2 = K(h + d_f)/d_f \tag{2.17}$$

(3) 雨水花园表面积计算。

因此，花园表面积可根据雨水渗滤规律，按下式计算：

$$A_f = \frac{V}{t_f v} \tag{2.18}$$

$$V = A_d H \varphi \tag{2.19}$$

式中 A_f——雨水花园的表面积，m^2；

V——雨水花园的雨水汇流总量，m^3；

t_f——蓄水层的水被消纳所需的时间，s；

A_d——汇流面积，m^2；

H——设计降雨量（按设计要求决定），m；

φ——径流系数。

将式（2.17）、式（2.19）代入式（2.18）中得

$$A_f = \frac{A_d H \varphi d_f}{K(h + d_f)t_f} \tag{2.20}$$

此方法主要依据是雨水花园自身的渗透能力和达西定律，忽略了雨水花园构造空隙的储水潜力和植物对蓄水层的影响。在新西兰等地，降雨量按当地两年重现期日降雨量的 1/3，约 25mm 计算，填料采用砂质壤土，渗透系数不小于 0.3m/d，蓄水层一般为 100～250mm，蓄水层中的水被消纳的时间一般为 1～2d。

2.2.5.2 蓄水层有效容积法

这是一种在水量平衡的基础上，利用雨水花园蓄水层的有效容积消纳径流雨水的设计方法。根据植被被淹没的状态又分为两种情况。

(1) 部分植被的高度小于最大蓄水高度，则植被在蓄水层中所占体积按下式计算：

$$V_v = nA_1 h_v \tag{2.21}$$

式中 V_v——植被在蓄水部分所占的体积，m^3；

n——植被的数量；

A_1——茎干的平均横截面积，m^2；

h_v——淹没在水中的植被平均高度，m。

植物面积占有率 f_v 为

$$f_v=\frac{nA_1}{A_f} \tag{2.22}$$

式中 f_v——植物横截面积占蓄水层表面积的百分比。

将式（2.22）代入式（2.21）中得

$$V_v=f_v h_v A_f \tag{2.23}$$

则蓄水层实际可蓄水的体积如式（2.23）所示：

$$V_w=h_m A_f-V_v=h_m A_f-f_v h_v A_f=A_f(h_m-f_v h_v) \tag{2.24}$$

式中 V_w——实际可蓄水的体积，m^3；

h_m——最大蓄水高度，m。

根据水量平衡，进入雨水花园的径流量（$V=A_d H\varphi$）等于实际蓄水体积，即 $V=V_w$，则有：

$$A_f=\frac{HA_d\varphi}{h_m-f_v h_v} \tag{2.25}$$

（2）植被高度均超出蓄水高度，则有 $h_v=h_m$，式（2.24）可化为

$$V_w=A_f h_m(1-f_v) \tag{2.26}$$

则雨水花园面积为

$$A_f=\frac{HA_d\varphi}{h_m(1-f_v)} \tag{2.27}$$

此法主要利用雨水花园蓄水层的有效容积滞留雨水，考虑了植物对蓄水层储水量的影响，但未考虑雨水花园的渗透能力和土壤空隙储水能力。实际应用中大多数采用第二种情况进行计算，主要用于处理初期雨水，处理的雨水径流量一般按12mm的降雨量设计。

2.2.5.3 基于汇水面积的比例估算法

除以上两种方法外，有时还采用简单的估算方法，即根据雨水花园服务的汇水面积乘以相应的比例系数计算求得，如式（2.28）所示：

$$A_f=A_d\beta \tag{2.28}$$

式中 β——修正系数。

当汇流面积均为不透水面积时，计算出的雨水花园面积一般为汇水面积的5%～10%。此法计算简单，但需通过多年的工程经验积累才能建立这样的公式，且精度不高，对降雨特征变化较大和不同标准要求的情况适应性较差。

可以看出，以上三种方法都有各自的特点，也都有一定的局限性。在使用时要分析雨水花园的结构特点、功能侧重、设计标准和所在地的土质特性等因素选择使用。基于达西定律的渗滤法适用于砂质土壤的雨水花园，蓄水层有效容积法适用于雨水花园中黏土较多、场地不受限制的区域，而比例估算法主要用于粗略计算和有丰富经验时采用。

我国多数城市区域雨水径流污染严重，在选择雨水花园的建造模式时，要兼顾削减径流量和污染物总量两个目标，可优先采用渗滤速度较大（K 值不小于 10^{-5}m/s）、净化效

果较好的人工材料。

2.2.5.4 完全水量平衡法

(1) 水量平衡分析基本原理。

假定雨水花园服务的汇流范围内的雨水径流首先汇入雨水花园（当一般雨水花园面积占全部汇流面积的比例较小，即直接降落到雨水花园本身的雨水量较少时，可忽略不计），当水量超过雨水花园的集蓄和渗透能力时，则开始溢流出该计算区域。在一定时段内，任一区域各水文要素之间均存在着水量平衡关系，如式（2.29）所示：

$$V+U_1=S+Z+G+U_2+Q_1 \tag{2.29}$$

式中 V——计算时段内进入雨水花园的雨水径流量，m^3；

U_1——计算时段开始时雨水花园的蓄水量，m^3；

S——计算时段内雨水花园的雨水下渗量，m^3；

Z——计算时段内雨水花园的雨水蒸发量，m^3；

G——计算时段内雨水花园种植填料层空隙的储水量，m^3；

U_2——计算时段结束时雨水花园的蓄水量，m^3；

Q_1——计算时段内雨水花园的雨水溢流外排量，m^3。

通常，计算时段可以取独立降雨事件的历时，此时，由于蒸发量较小，Z 可以忽略。在设计雨水花园时，一定设计标准对应的溢流外排雨水量可假设为 0。如果计算时段开始与终了时，雨水花园内蓄水量之差以 V_w 表示，即 $V_w=U_2-U_1$（实际计算时可视时段开始时雨水花园无蓄水，即 $U_1=0$，$V_w=U_2$），如式（2.30）所示。图 2.21 为雨水花园计算模型示意图。

$$V=G+V_w+S \tag{2.30}$$

(2) 径流雨水量。

径流雨水量可采用式（2.19）计算，其中 H 可根据当地的降雨特性和设定的雨水消减目标来确定。雨水花园主要针对较频繁的暴雨事件，设计降雨量一般不超过 0.03m。

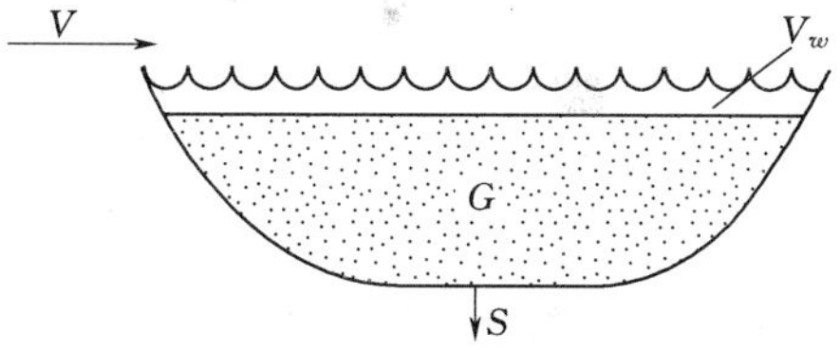

图 2.21 雨水花园计算模型示意图

(3) 雨水花园下渗量。

计算时段雨水花园的下渗量，如式（2.31）所示：

$$S=\frac{K(d_f+h)A_fT}{d_f} \tag{2.31}$$

式中 T——计算时间，min，常按一场雨 120min 计。

根据雨水花园的构造及土壤条件不同，式（2.31）中 K 的取值各异，主要分为以下三种情况：

1）当雨水花园底层设有防渗膜或填料外土壤的渗透系数 $K_2 \leqslant$ 种植土渗透系数 K_1（一般人工填料的渗透系数大于种植土的渗透系数）时，K_2 起限制主导作用，此时下渗量较小可忽略不计，即 $S=0$。

2）当雨水花园底部有排水穿孔管或 $K_2 \geqslant K_1$ 时，取 $K=K_1$。

3）当 $K_2 < K_1$ 时，取 $K = K_2$。

（4）蓄水量。

当雨水花园中的径流量大于同时间的土壤渗透量时，必然在雨水花园形成蓄水。假定雨水花园的植被高度均超出上部蓄水高度，则实际蓄水量如式（2.32）所示：

$$V_w = A_f h_m (1 - f_v) \times 10^{-3} \tag{2.32}$$

（5）空隙储水量。

$$G = n A_f d_f \tag{2.33}$$

式中 n——种植土和填料层的平均空隙率，一般取0.3左右。

（6）雨水花园面积的计算。

结合上述公式可得雨水花园的面积如式（2.34）所示：

$$A_f = \frac{A_d H \varphi d_f}{60KT(d_f + h) + h_m(1 - f_v)d_f + nd_f^2} \tag{2.34}$$

当 $S=0$，亦即 $K=0$ 时，式（2.34）可化为

$$A_f = \frac{A_d H \varphi}{h_m(1 - f_v) + nd_f} \tag{2.35}$$

此方法主要针对一场雨的雨量来设计，其目的不仅是用来处理初期雨水，而是要在净化雨水的基础上削峰流量，最终实现无溢流外排现象。如果将处理后的雨水加以收集利用，也应采用此法进行计算。当然要注意，雨水花园主要是消纳较频繁事件的雨水径流，而非极端事件，所以一般根据当地降雨特性和雨水花园的消减目标选取一个合适的降雨量。

2.2.6 雨水花园植物景观设计

2.2.6.1 雨水花园植物设计要点

（1）明确雨水花园植物选择原则。

雨水花园的植物选择要考虑多方面的因素，既要满足雨水花园的特殊水文环境，又要充分发挥植物的功能特性及景观特性。雨水花园中植物要素的营造应当优先选取地域性本土植物，选择根系发达、净化能力强、具有短时耐水淹特性的植物。雨水花园中的植物选择要充分考虑植物在雨水花园中的生长环境、处理效果、景观效果等，使植物在雨水花园中既能适应相应的生长环境，又能形成较为良好的景观效果。

（2）依据淹水状况合理配置植物。

雨水花园中因雨水管理功能的不同，区域内都是具有湿度梯度的，不同区域有着不同的水淹情况，如雨水花园的边缘区基本不可能存在被淹没或很潮湿的状态。植物的种植应根据相应区域的水淹条件选择生长习性不同的植物。依据不同区域的湿度梯度，雨水花园的种植区大体上可分为蓄水区、缓冲区和边缘区。其中，边缘区无蓄水能力，种植植物应考虑选取耐旱植物；缓冲区有一定的雨水调蓄功能，需要植物有一定的耐淹、耐旱以及耐雨水冲刷能力；而蓄水区对植物的耐淹能力要求最高，也是雨水净化的主要区域，需要耐水淹及具有净化功效的植物。

（3）把握植物美学特性营造景观表现。

景观设计中想要营造精致的景观环境，植物的美学特性及其种植设计带来的观赏特征

是十分重要的。植物的美学特性主要表现在植物的大小、形态及色彩表现方面。在植物景观的视觉表现上，要利用植物的大小、形态、质地及色彩来表现。色彩是植物最引人注目的观赏特征之一，雨水花园植物设计中要注重植物的四季色彩表现，应多考虑夏季和冬季的色彩，因为夏冬两季占据着一年中的大部分时间。

2.2.6.2 植物的观赏特性

（1）植物的大小。

植物最重要的观赏特性之一，就是植物的大小。按照植物的高度、外观形态可以将植物分为乔木、灌木、地被三大类。更为细致的划分结果还有大乔木、中乔木、小乔木、高灌木、中灌木、矮灌木、地被等类型。在景观设计选择植物素材时，首先应该推敲和考虑的是植物的大小，因其直接影响着空间范围、结构关系以及设计的构思与布局。

（2）植物的外形。

植物的外形主要指单株的外部轮廓。植物外形的常见类型有圆柱形、尖塔形、圆锥形、伞形、球形等。植物的形态是一个重要的观赏特征，当植物被孤植或设计为焦点时，其外形的重要性就显得尤为突出。应当注意的是，植物是不断在生长的，因而其外形也不是一成不变的，设计过程中，应当考虑这一因素。

（3）植物的色彩。

植物的另一个重要的观赏特征就是色彩。植物的色彩通过植物的各个部分呈现出来，如树叶、花朵、果实、枝条及树皮等。植物的色彩能够起到改善空间环境气氛的功效，设计过程中可以结合植物的色彩营造环境氛围。应当注意的是，多数植物的四季色彩表现是不一样的，在景观设计过程中要结合植物特性，协调植物环境的四季色彩表现。

（4）植物的质感。

植物的质感是指单株植物或群体植物的粗糙感和光滑感，主要受枝条的长短、树皮的外形、植物叶片的大小、植物的综合生长习性以及观赏植物的距离等因素的影响。植物质感通常划分为三种类型：粗质感、中等质感和细质感。不同质感的视觉效果不同，设计时要结合植物质感进行合理搭配以形成丰富的景观层次。

2.2.6.3 雨水花园植物配置策略

植物景观的营造表现主要通过植物本身的美学特质，如植物的大小、形态、质地、色彩及植物的搭配组合、配置方式等方面来表现。雨水花园的植物布局方式依其周围的景观风格特征及其本身的设计形态而定，主要有规则式和自然式两种配置方式。自然式的雨水花园在后期维护方面较为简单，是较为常见的雨水花园植物配置方法。一般来说，雨水花园中心区域为主要蓄水、渗水区域，水涝状况较常见且种植土层厚度有限，较多种植花卉和草本植物，而灌木和乔木则较多种植于花园边缘区域。雨水花园植物配置主要在于乔灌木植物的孤植、对植、丛植以及草木和地被植物的配置等。

（1）孤植。

孤植为单株树孤立种植于雨水花园中的种植方式，主要景观功能为作为主景及庇荫。雨水花园中较多区域为低矮的花卉及草本植物，孤植树木可以种植于花园边缘一角，展现植物个体美。雨水花园设计中，孤立种植的乔木可以作为一个标本而加以突出。标本植物是一个独立的因素，一般为圆柱形、尖塔形、或具有独特的粗壮质地和鲜艳花朵的植物，如同一件从各个角度都能观赏到的、生动的雕塑作品。

（2）对植。

对植是两株或两丛植物以非对称方式布置在雨水花园两侧的种植方式，可以起到框景和夹景的作用。具有一定规模的雨水花园，可以以雨水花园中心区域为对称点在花园边缘处对称布置几株小乔木，以体现植物景观的层次性和丰富性。

（3）丛植。

丛植为3～9株同种或异种树木不等距离地种植在一起形成树丛效果的种植方式。雨水花园中的丛植主要为花卉、草本植物、低矮灌木配合一两株乔木的组合方式，可依据“草木花卉配灌木，灌木配乔木，浅色配深色”的基本原则搭配种植（图2.22），通过合理搭配形成优美的群体景观。设计丛植植物景观时要依据植物生长特性，合理选择丛植树木在雨水花园中的位置，根据种植区位的不同，丛植的植物可作为主景或背景、配景。

图2.22 乔木与灌木的丛植组合

（4）草本及地被植物的配置。

雨水花园中覆盖较大面积的草本及地被植物是植物景观的构成基底。由于雨水花园规模及其特殊的水文条件限制，乔木的群植在雨水花园中运用较少，植物数量上占据主体地位的是园内的花卉和草本植物。从景观效果上来说，利用地被植物造景是为了获得统一的景观效果，以作为植物景观基底，所以在一定区域内，应有统一的基调，避免太多的品种，应依据雨水花园整体景观风格来选取相应的植物配置。整体环境较为素净的雨水花园，可选择绿色、枝叶细小的地被植物；整体景观色彩较丰富的雨水花园，可选择花叶美丽、观赏价值高的地被植物。

2.2.7 雨水元素景观营造

雨水花园的一大重要景观元素就是其所管理的雨水。在景观设计中水元素是最能激发游人兴趣的要素之一。人类有着本能的利用水和观赏水的需求，雨水花园设计最具特色的艺术性就表现在利用雨水打造的水体景观上。优秀的设计能够将雨水管理利用和运用雨水本身所形成的融合场地体验的景观营造联系在一起。区别传统雨水处理设施运用管道收集雨水，雨水花园在汇集处理雨水过程中善于将雨水的收集过程可视化，利用雨水元素营造景观。雨水花园中雨水元素设计的重要环节在于雨水汇集至花园的过程之中，运用精巧设计来控制营造水体。设计时要把握水的主要特性，结合地形、设施及景观营造手法，设计动静结合的雨水景观。

2.2.7.1 水的主要特性

（1）水体形体的可塑性。

除过结冰后变为固体状态外，水是一种液体，其形态是由存储水的容器所决定的，因而存储水的容器的大小、色彩、质地以及位置是决定水体形态特征的决定性因素，对于水体形态的设计，实际上是对于存水容器的设计。

（2）水的状态。

由于水常态是液体形式，因而它的外貌和形状还受到重力的影响。受重力的作用，水的状态可分为两类：静态水和动态水。雨水花园景观设计中，要善于结合雨水在不同时期的表现状态，营造动静结合的雨水景观。将雨水从场地周边汇集至雨水花园过程中，结合径流汇集过程中的巧妙设计，展现雨水在整个设计中的独特动感之美，这是雨水花园的一种常用景观艺术表现方式。雨水流过精心设计的地形及相关设施时，形成滴、落、瀑、流等各具特色的动态效果。跌水落水是雨水花园设计中展现雨水动感之美的一种常见表现方式，雨水从屋顶、周边硬质地面、道路等沿径流路径汇集至设计在相对低洼处的雨水花园，在经过沿线精致的竖向设计所形成的落差处跌落，与碎石碰撞，呈现出雨水景观的灵动之美。

（3）水声。

水体流动及其与实体撞击时发出声响，流动的水量和形式不同，产生的声音效果也不同。因而，可以应用水声来丰富景观环境的观赏类型。结合景观情景的营造，水声能够为身临其境的人带来不同的情绪感受。水声还具有减弱周边空间噪音的作用，流水和瀑布发出的声响可减少噪声干扰，营造一个相对宁静愉悦的氛围。

（4）水的倒影。

平静的水面犹如一面镜子，能够形象真实地再现周边的环境景物。景观设计中，可以利用水面的镜面效果，为游人提供一个新的观景透视点。

2.2.7.2 静态水体的设计

雨水花园在收集管理雨水时，雨水处理需要一定的过程和时间，因而一些雨水花园设计中会设计蓄水池以减缓雨水花园短时处理压力。暂蓄起来的雨水常常以静态水的状态呈现，在景观设计中要利用水体的特征来进行相应的设计营造。平静的水面具有镜面特征，可以运用借景的手法将天空和周边景物映照到水面，为游人提供别样的透视点。同时，平静的水体能够给人带来一种平静、温和、安逸的感受，让人身心得到放松。静态水体的设计，重点在蓄水容器形态的设计，形态可以是规则式和自然式，要结合雨水花园整体景观风格而定。

2.2.7.3 流水景观营造

雨水花园中流水景观常常需要结合从周边屋顶及场地收集雨水径流的设施来设计营造。周边区域的地面雨水径流常依据地形坡度的设计而自然流入雨水花园，而来自周边建筑屋顶及离花园较远区域的径流则需要设计相应的引流渠来引导汇入雨水花园。这些引流渠除了在其自身构造形态和建造材料上要进行相应景观营造外，与流水结合营造可视化的雨水景观也是雨水花园景观设计的一个重要方面。水渠的宽窄及深度、流水的水量、水渠坡度、水渠渠底性质等都是流水设计中需要考虑的因素。可视化的线性流水景观在雨水花园元素设计中较为常见，将雨水收集过程可视化，不仅丰富了雨水花园景观表现的丰富度，还能够向人们传达出花园所具备的雨水管理功能特点。

2.2.7.4 落水景观营造

落水景观的主要表现形式为瀑布，相较于流水，瀑布的观赏效果丰富多变，可设计营造为空间环境的视线焦点。瀑布的景观表现特性主要有水体的流量、流速、落差和瀑布口边的情况，同时瀑布下落时所接触的表面也是影响瀑布形象和声响的重要因素。当瀑布落下的水撞击在岩石等硬质表面时，会溅起水花并发出较大的声响，而落水接触的是水面时，溅起的水花会小一点，声响也会小一些。

瀑布的构造形态也能够丰富落水景观的表现。跌落瀑布是一种在瀑布的下落起点和落水接触底面之间添加障碍物或平面的瀑布形式。这样的瀑布产生的水景效果要比一般的瀑布更丰富，更能吸引游人的瞩目。跌落瀑布中间层设计结合流水量及流速的控制和变化，能够创造出独具特色的落水效果。

【单元探索】

根据所掌握的雨水花园相关知识，结合所在城市道路、小区建设实际，认识与雨水花园相关的要素，发现可进行改善的关键点，开展个性化设计。

单元2.3 绿色屋顶

【单元导航】

问题1：绿色屋顶的概念是什么？

问题2：绿色屋顶的结构组成有哪些？

问题3：绿色屋顶的类型有哪些？

问题4：绿色屋顶的设计原则有哪些？

问题5：绿色屋顶的效益有哪些？

【单元解析】

雨洪来临时，建筑屋顶产生的径流是导致城市内涝的重要原因之一，将城市的建筑屋顶改造为绿色屋顶能有效缓解城市雨水径流压力。一方面，通过海绵城市结构来收集、储存雨水，并利用雨水进行浇灌，可以节省各种能耗；另一方面，绿色屋顶能形成良好的城市景观，提升城市的整体绿化率。

2.3.1 绿色屋顶的概念

广义上讲，绿色屋顶是指高出地面，不与地面自然土层相连接，并进行绿化种植技术的建筑物屋顶、中间平台、边缘或构筑物顶部的统称，包括住宅、办公楼、地下建筑、酒店、厂房等的屋顶、露台、阳台、空中连廊和桥梁、围墙等，是城市绿地向立体化、空间化发展的重要形式之一。狭义上讲，绿色屋顶就是所有进行绿化的建筑屋顶。绿化形式不仅仅是在屋面上覆盖土壤种植，还可以在容器中或者种植板块中栽种植物后进行覆盖。

绿色屋顶以绿化种植为主，其他元素与地面绿地一致，但由于屋面相较地面在场地大小和承载力上均有限制，绿色屋顶的设计又有其独特和创新的一面。

2.3.2 绿色屋顶的结构

绿色屋顶最主要最常见的结构自上而下包括植被种植层、土壤基质层、过滤层、蓄排水层、防水层和屋面结构层，见图 2.23。

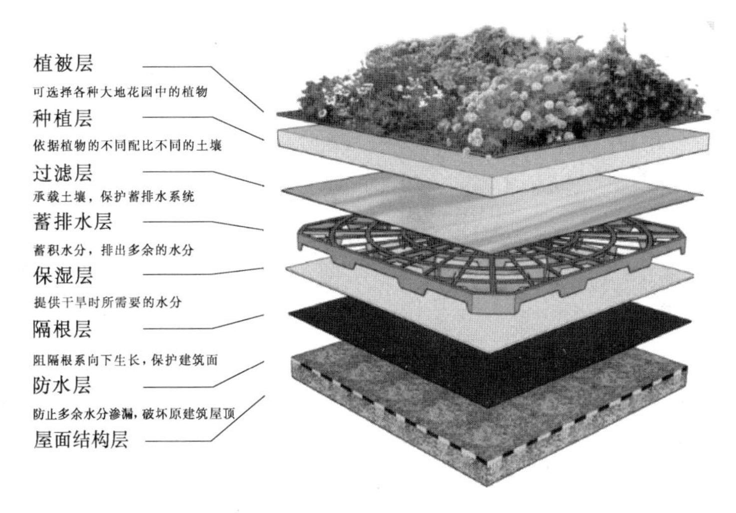

图 2.23 绿色屋顶结构示意图

屋面结构层即原建筑屋顶，是绿色屋顶建设成功最关键的因素。屋面以上的所有结构重量设计都取决于屋面的荷载能力，这里的荷载包括静荷载和活荷载。绿色屋顶的设计对于屋面每一个点的承重要求都不同，所以鼓励建筑建造在设计时就考虑屋顶绿化相应的屋面荷载，这样会大大降低绿色屋顶的造价。

防水层即防渗漏层，其重要程度仅次于结构层，与地面绿地促进水分下渗不同，屋顶的土壤如果产生了水分的渗漏，结构层就会遭到破坏，影响安全。

排水层和蓄水层是两个不同的结构层，但现在的趋势是把两者合一设计，兼具储水和排水功能，既可保持湿度、改善土壤的空气质量，又能防止植物烂根。

透水过滤层的作用是过滤被水从基质层冲刷来的杂质，让水顺利到达排蓄水层，防止土壤、护根物、植物残体等堵塞、破坏排蓄水系统。

土壤基质层是屋顶植物赖以生存的有机环境，但是与地面绿地的要求大相径庭。屋顶基质层应选用轻质多孔材料，保证排水和透气，厚度根据不同的类型要求有不同的设计。但因地区气候的差异和屋顶种植的不同要求，绿色屋顶的结构也有细微的调整。为了保护屋顶防晒、隔热、保温，通常会在结构中加上保温隔热层，这个结构有时候也放在建筑结构层内设计，但现在普遍放置在防水层之上，防止防水层发霉或变形。有的设计师在防水层上加盖混凝土保护层也能起到相同的作用。如果想要达到更好的绿化效果，增加植物的层次丰富度，那么就必须在防水层上设置阻根层，防止一些深根系植物破坏结构。法国的索普马设计公司就将防水层与屋顶结构层和阻根层设计在一起使用，极大地减少了绿色屋顶的工程量。

图 2.24 密集型绿色屋顶

2.3.3 绿色屋顶的类型

绿色屋顶的分类方法有很多，目前最常用的是根据绿化种植模式将绿色屋顶分为密集型绿色屋顶、粗放型绿色屋顶和半密集型绿色屋顶三种。

2.3.3.1 密集型绿色屋顶

密集型绿色屋顶就是狭义上所说的屋顶花园，也称作精绿化屋顶（图 2.24）。这种绿色屋顶一般出现在人可以进入的、大面积的公共建筑屋顶之上，主要注重绿色屋顶的功能性、安全性设计。它的设计与地面园林绿地很接近，需要集游览、休闲、造景于一体，除了要配置丰富的乔灌草植被景观外，还需要加入很多的园林小品，有些大型公建的绿色屋顶甚至设有大面积水池、车行道和防火防灾设施。这种屋顶的构造层厚度一般在 25～100cm，工程质量为 100～200kg/m^2，水饱和状态下的重量为 300～400kg/m^2，承重结构的静荷载需要在 300～1500kg/m^2 的范围内。一般情况下，密集型绿色屋顶的屋面设计坡度要小于 10%，才能防止屋顶绿化的构造层移位。

由于设计、设施的丰富程度以及承重结构的高要求，密集型绿色屋顶的前期造价一般比较高，而建成后的高使用频率和众多的游览人群，导致屋顶后期的养护修剪费用也比较高，但带来的效益却非常可观，所以比较适合政府或大型商业区企业投入建设。

2.3.3.2 粗放型绿色屋顶

粗放型绿色屋顶是最简单却应用最广泛的一种绿化模式，也称作粗绿化屋顶。一般出现在人们看不到或只能从高空俯视的屋顶之上，是为了解决城市生态效益而增加的绿地面积，除维修外一般不允许人进入。密集型绿色屋顶是通过创造最适应的植物生长屋顶环境，为植被生长创造条件，而粗放型绿色屋顶则是选择适合其生长环境的植物来达到最佳生态效益，所以多采用耐旱、耐热、耐寒、耐强光、抗风和少病虫害的低矮苔藓、景天、花卉等草本地被植物，创造出粗放的、接近自然的屋顶生境（图 2.25）。这种屋顶的构造层厚度一般为 5～15cm，工程质量为 15～30kg/m^2，水饱和状态下的重量为 30～60kg/m^2，承重结构的静荷载需要在 60～200kg/m^2 的范围内。根据结构类型还可将粗放型绿色屋顶分为植被垫覆盖结构、内置种植池结构、移动模块盘结构。在绿色屋顶发展相当不错的德国，接近 80%的屋顶均为粗放型绿色屋顶。很多国家或地区的坡屋顶或高层建筑也多选用这种绿化模式。

由于这种屋顶不提供人的游览空间，植被也多为低矮型，所以几乎不需要特别的养护和修剪，仅用自然降雨和适量的自动喷灌系统就可以完成后期的管理工作，可以说是一种“低养护、免灌溉”的屋顶种植模式，但其带来的经济、社会和生态效益却十分惊人，被欧美国家称为“生态毯”。

图 2.25 粗放型绿色屋顶

图 2.26 半密集型绿色屋顶

2.3.3.3 半密集型绿色屋顶

半密集型绿色屋顶介于密集型和粗放型之间，也称作简单精绿化屋顶。一般出现在人可以进入但不经常进入的私人建筑或低矮住宅屋顶之上，既注重生态效益也注重人们的游览观赏性。它的设计处于自然野趣和人工雕琢之间，植被设计以花卉、低矮灌木为主，基本放弃了乔木和较高灌木（图 2.26）。这种屋顶的构造层厚度一般在 15～25cm，工程质量为 20～90kg/m^2，水饱和状态下的重量为 40～200kg/m^2，承重结构的静荷载需要在 180～300kg/m^2 的范围内。一般情况下，半密集型绿色屋顶在 20°～25°坡度范围就可以实现。

这种绿色屋顶由于屋顶承载力和设计丰富度都低于密集型绿色屋顶，所以它的造价和养护修剪费用都相对较低，比较受私人或房地产商的青睐。

2.3.4 绿色屋顶设计原则

2.3.4.1 安全原则

安全原则是屋顶绿化建设首要考虑的问题，是绿色屋顶的保证，贯穿于绿色屋顶建造的全过程。绿色屋顶的关键技术是屋顶结构的承载能力和防水技术，所以采用轻质营养种植土和屋面的防水，绿化隔层板，过滤泥水防止落水管阻塞等都成了绿色屋顶的重要技术要素。

（1）结构安全。

建筑的结构安全是绿色屋顶建造的先决条件，无论是建造什么形式的绿色屋顶，均必须在建筑荷载允许的前提下进行设计和施工。如果绿色屋顶所附加的荷载，超过建筑物的结构构件承受能力，将破坏整个建筑的结构，导致建筑楼面的开裂甚至坍塌，带来危险。因此，绿色屋顶的设计应首先考虑到建筑结构的限制（必要时配合建筑结构工程师进行设计）。

（2）防水排水安全。

绿色屋顶虽然设计有保护屋顶的防水层，但是后期造园过程是在已完成的屋顶防水层上进行的，在极为薄弱的防水层上进行绿化和园林小品作业，极易造成破坏，导致屋面漏水，又因防水层在绿色屋顶的最下层，翻修复杂耗费工时，带来的经济损失较大。因此，屋顶花园的设计、施工和管理人员应高度重视保证良好运转的防水、排水系统，以免造成花园没建成屋顶先漏水的问题。

（3）使用安全。

对于一些游憩型绿色屋顶来说，因需满足日常的频繁使用、游赏，必须在其四周增设牢固的防护措施，防止人、物落下等意外的发生。屋顶女儿墙虽可以起到栏杆作用，但其高度应至少超过1m才能保证人身安全，如不满足则必须加设铁栏杆，同时还应满足相应的强度要求。另外，还应该保证屋顶种植的灌木和乔木在高空风力较强和基质疏松的环境下安全稳定。

（4）科学性。

屋顶花园由于与大地隔开，生态环境发生了变化，要满足植物生长对光、热、水、气、养分等的需要，必须站在科学的角度，采用新技术，运用新材料。很多国外的公司都积极参与到了绿色屋顶绿化产业的研究与开发中，经常推出新技术、新材料，促进了立体绿化产业的发展。现在，国内也涌现出一批专业的屋顶绿化企业，他们引进和开发出薄层栽培基质、抗植物根穿刺高分子复合防水卷材、渗排水组合、绿色屋顶专用轻质建材、绿色屋顶用草等产品，丰富了国内屋顶花园景观市场。设计师应充分研究和了解各个相关学科特征，运用现代科技手段，强调科学的设计方法、合理的统筹安排，将现代科技与生态科学完美结合。

2.3.4.2 生态原则

衡量一个绿色屋顶的好坏，除满足不同功能外，还应重点强调其生态价值。按照生态学原则，景观设计建造最终是要形成一个完整科学的生态自然系统，绿地系统通过各组成部分间的能量和信息流动，彼此协调契合为一个整体，共同发挥改善城市环境的功能。而绿色屋顶正是城市绿地系统的一个重要补充环节，将彼此独立、互不干扰的城市绿地空间在功能和要素上进行连接，促进生态过程的流动。它建造的实质作用即提升城市的绿色空间整体性，要以生态学为基础，成为生态系统的载体之一。

（1）屋顶以植物为主。

生态原则首先体现在以“绿化”为主的具体形式上。绿色屋顶可以做成自然式、规则式、混合式，但总的原则是要以植物为主，考虑如何实现植物的生态效应，其他的园路、休息设施、景观小品等只是适当的点缀。绿色屋顶必须保证有一定数量的植物，绿化覆盖率指标在50%～70%以上，才能增加整个城市的绿化覆盖率，进而实现它减缓城市热岛效应、改善城市环境的生态价值。植物造景包括以下三方面的特性：一是园林的观赏性，创造宜人景观；二是可持续性，能够改善环境质量，调节小气候，维护生态平衡；三是保证生态结构的合理性，通过合理的时间、空间，营造结构与环境组成和谐的统一体。

在植物的选择上，应尽可能使植物的种类、布置密度和地面的含水量做到丰富多样，创造良好的自然生态环境，相较于物种单一的绿化形式，多样性导致绿色屋顶的稳定性，而且面积越小要求越高。此外，要根据区域的自然环境特点，在植物配置方面优先选择乡主树种，注意培植有地方特色的植物群落，形成植物的季相变化和竖向变化，营建适合屋顶环境的景观类型。作为对失去绿地的补偿，绿色屋顶应该有意识的对被破坏的生态系统进行补救。有日本植物学家就提出在屋顶上繁殖一些濒危的植物种类的想法，因为有些植物在现在的城市景观中根本无法正常生长，但在绿色屋顶中通过一系列处理后，就可以良好生长，因为绿色屋顶受到的人为干扰要少得多。这种对小生态群落有意识的建立，对恢复生态系统中物种的多样性也起到了一定作用。

(2) 因“顶”制宜。

在园路的组织、建筑小品的位置与尺度、地形的处理和植物的选择等方面，要根据具体屋顶做不同设计。数十米高的屋顶与地面相比，高空太阳辐射强、日照时间长、温度高、蒸发旺盛、温差大、风力大，雨水冲刷力强，土壤全靠外面输入，保水性能差、空气湿度小、水源特别少，自然条件完全不占优势。由于植物和建筑小品等所处的生态环境极不稳定，自然条件独特，所以在不同的情况下应采取不同的方案和方法，确保植物在建筑荷载能力范围内生长良好，营造出更生态的景观。

(3) 运用再生节能材料。

绿色屋顶的生态设计还体现在一种整体的意识，小心谨慎地对待生物、环境，反对孤立的、盲目的设计行为；要坚持自然观，采取依附自然、再现自然、因借自然等手法，在自然中确定自己适当的位置和形态。在设计用材和建造技术上，现在的绿色屋顶都有了新的突破和发展，这些新材料、新技术乃至新的设计元素，都在以越来越生态的方式呈现，例如再生、节能、废物利用等。铺地上采用可重复利用的人工烧制砖材、陶瓷材料或观感自然亲切、质感舒适宜人的木材、石材、砂土类天然材料。保护和利用自然资源，在设计中积极利用新技术来提升生态价值，减少能源消耗，降低养护管理成本。利用太阳能为庭院供给照明和音箱设备用电，采用循环设计理念，收集雨水为灌溉和水景提供主要资源，在水体自净、净化环境和促进生物多样性方面进行详细的设计。

2.3.4.3 经济原则

绿色屋顶与地面绿地相比，在建造施工上更为复杂，在经济造价上必然会更高。因此，设计时应精打细算，把资金用在适当的地方，选最合适而不是最昂贵的材料，结合实际情况作全面考虑，充分利用可再生景观材料，倡导低成本、低维护的生态理念，节约施工和后期养护管理所需的人力、财力、物力，以最经济的材料和低成本的养护技术措施，达到最好的绿化效果。经济原则是城市绿色屋顶建设的根本，无论多美好的景观，从现有条件来看，只有尽量降低造价及后期管理成本，才能使绿色屋顶得到普及，实现城市绿色屋顶的成本合理、维护费用适中、生态效益最大的可持续发展。

2.3.4.4 艺术性原则

绿色屋顶不能只达到“绿”的基本要求，更要能满足一定的审美要求。绿色屋顶由于其场地较小，所处环境和场地受建筑物平面、立面限制较大，所以要更加精美、精巧、别致，设计成功、风格独特的绿色屋顶是建筑与景观造园完美统一的精品。对于游憩型绿色屋顶来说，要充分利用其荷载上的优势，根据具体的使用功能需要，通过园林小品的合理安排，结合乔、灌木、地被植物的综合配置形成丰富的园林空间，为使用者营造优美舒适的游憩环境。而对于覆被型绿色屋顶来说，虽然它只能以低矮灌木、草坪等地被植物进行简单的绿化，通常不允许人员活动、游览，但是通过精心的植物造景设计同样可以创造出令人赏心悦目的景观。

绿色屋顶在规划设计时应考虑其与建筑的关系，花园内部各要素之间的关系，以及与周围环境之间的关系，建筑与绿色屋顶是一个统一的整体。

2.3.4.5 功能性原则

考虑到经济成本，目前部分绿色屋顶的功能性已经逐渐淡化，主要强调生态性，但对于密集型绿色屋顶来说，功能性原则在设计中仍然是极其重要的一部分，是建造绿色屋顶的根本目的。由于绿色屋顶的功能十分多样，所以设计方法也体现出针对性，需要满足不同建筑类型的使用要求（住宅、办公、宾馆、医院、商业类等）。其实，绿色屋顶本身就是为了满足某种功能的产物。巴比伦“空中花园”实际上是一个具有居住、娱乐功能的园林建筑群；挪威等北欧寒冷国家为了度过漫长的冬季，设计草坪屋顶进行保温；在树木缺乏的平原，当地人们设置屋顶草坪，防止屋顶土层流失，并形成温度隔离层；办公楼的绿色屋顶主要是为了满足公司员工户外交流、休闲及对外商务洽谈等活动。绿色屋顶设计时要关注人与生活，而不仅是形式和构图，以人和人的活动为导向，合理安排和组织功能布局，满足人的心理、生理需求，使功能设计更加人性化。针对不同年龄段（儿童、青年、中年、老年）、不同角色（游客、家人、职员、学者）的特征、需要、文化品位、素质，来营造适合特定群体的审美情趣，强调其对自然、社会、生态、艺术、历史等的独特理解。

2.3.5 绿色屋顶的效益

与其他在建筑内外所采取的有益环境措施一样，绿色屋顶对人们的生活及其环境具有积极影响。2003年的一份报告显示，在绿色建筑内工作的人群效率要远远高于处于不环保建筑中的人群。绿化后的屋顶还可以起到多种不同的功能，主要表现为社会效益、经济效益和生态效益（表2.7）。绿色屋顶的作用是综合性的，往往是几大效益同时发挥作用，从而产生更多意想不到的功能。

表2.7　　绿色屋顶功能具体阐述

绿色屋顶的功能	具体阐述
生态效益	降低区域温度，改善热岛效应 改善雨洪问题，净化雨水 提供生物栖息地及迁徙中间站 净化空气 调节小气候，缓解热岛效应 降声减噪
经济效益	保温隔热，节省建筑开支和能耗 延长屋顶材料使用寿命，减少后期维护费用 增加建筑吸引力，使建筑保值或增值 相较于拆迁移民，改造屋顶的费用更为经济 结合地形设计，提高土地利用率
社会效益	丰富视觉景观，提高城市宜居度 提供安静愉悦的修身养性之所 促进娱乐休闲与交流 保护历史文化区域 提高公众环境意识

2.3.5.1 绿色屋顶的生态效益

(1) 缓解城市热岛效应。

随着城镇化进程的不断加快以及全球变暖，城市热岛效应（图 2.27）愈加明显，热岛效应对人们的生活造成了严重的影响，增加城市绿化面积，提高城市绿化率是缓解城市热岛效应的最好方法，因此，屋顶绿化是缓解城市热岛效应的一条有效途径。据相关部门统计，“热岛效应”可以使夏天城市的温度高于郊区 4～8℃。联合国环境署的研究表明，如果城市屋顶绿化率达到 70%以上，那么城市上空 CO_2 含量将下降 80%，“热岛效应”将会彻底消失。

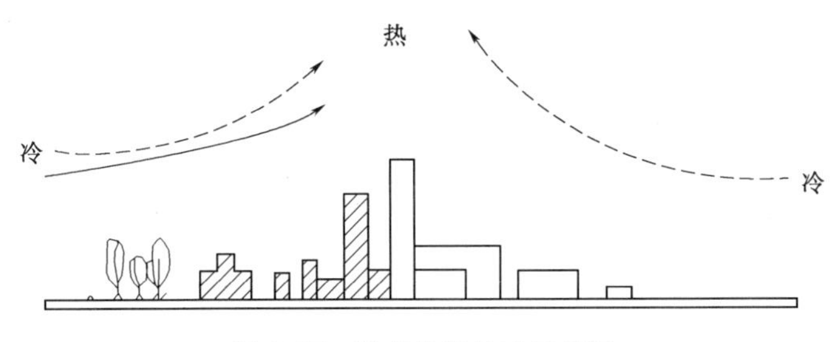

图 2.27 城市热岛效应示意图

(2) 消减城市径流峰值与径流总量，净化雨水径流。

在降雨过程中，屋顶绿化基质层和蓄排水层的设置能够有效截留降雨量，消减屋面雨水径流量，延缓屋面雨水径流进入城市管网的时间，消减雨水径流峰值。研究表明，不同气候条件下，屋顶绿化可以截留 50%～70%的降雨，密集型屋顶绿化年径流消减率为 85%～65%，开敞型屋顶绿化年径流消减率为 81%～27%。与此同时，雨水径流经植物—土壤—微生物—蓄排水层对径流中污染物的吸附、拦截和微生物降解等作用，雨水径流得到净化。

(3) 净化空气、减少噪声。

城市人口密集，机动车尾气、工业废气的排放对空气质量影响很大，机动车轰鸣声、娱乐场所噪声等致使城市噪声污染严重，屋顶绿化对减少城市空气污染、噪声污染具有重要作用。研究表明，屋顶绿化能够直接吸取污染物，减少空气中污染物量，从而提高空气质量。一组来自加拿大的数据表明，如果多伦多市 6%的建筑物屋顶改造屋顶绿化，其空气质量显著提高，空气中的 NO_x 和 SO_2 浓度、PM10 将被去除多达 30t。屋顶绿化同时可以有效地减轻城市噪音污染，能够减少 3dB 城市噪声，在有隔音层的情况下可消纳 8dB 以内的噪声，对于居住在机场、娱乐场所和工业园区附近等噪声严重场所的人们至关重要。

2.3.5.2 绿色屋顶的社会经济效益

(1) 实现建筑节能。

屋顶绿化的设置能够对建筑物起到保暖遮阳的作用，有效的调节室内温度，实现冬暖夏凉的效果，具有节省能耗的效益。有学者研究发现，如果将纽约市 50%的屋顶都改造成绿色屋顶，整个纽约市屋顶温度可降低 0.1～0.8℃，将显著降低使用空调系统和供暖设备的建筑物的能耗水平，减少资源浪费，实现建筑节能。

（2）延长屋顶寿命。

普通屋顶的使用寿命一般为15～25年，随着使用时间的增长，受紫外线辐射和臭氧氧化，屋顶防水层老化速率较快，导致防水材料老化坏损，以至于形成裂缝、产生渗漏。屋顶绿化的设置，可以避免阳光直射屋顶，调节昼夜温差，屋顶表面昼夜温差大幅降低。有研究表明，屋顶绿化的特性表现为在室内空调状态时隔热，在室内自然状态时吸热，绿化的节能效果相当于附加了40mm厚的聚苯乙烯泡沫塑料或200mm厚的加气混凝土，屋顶绿化的设置能够延长屋顶的使用年限。

（3）降低城市绿地的建设成本。

目前，随着城镇化进程的不断加快，一线和二线城市用地愈加紧张，土地资源的紧缺，导致城市绿地建设成本急剧增加，如果将屋顶绿化生态效益折算纳入城市绿地中，则屋顶绿化的设置可以降低绿地建设开支。有研究表明，华盛顿一个2000m^2的绿色屋顶，在当地经济、政策条件下，总的经济效益（降水截留效益、建筑物耗能节约效益、空气质量提高效益）大概为每年1195～6277美元。

【单元探索】

根据要求进行绿色屋顶设计。

单元2.4 下沉式绿地

【单元导航】

问题1：下沉式绿地的概念是什么？

问题2：下沉式绿地的功能有哪些？

问题3：试简述下沉式绿地的设计流程、设计要点及注意事项。

【单元解析】

2.4.1 下沉式绿地的概念

下沉式绿地有狭义和广义之分，狭义的下沉式绿地一般指的是下凹式绿地，其典型结构为绿地高程低于周围硬化地面高程5～25cm，雨水溢流口设在绿地中或绿地和硬化地面交界处，雨水口高程高于绿地高程且低于硬化地面高程。广义的下沉式绿地除了狭义的下沉式绿地之外，还包括雨水花园、湿地、水塘等生态雨水设施。其中，狭义下沉式绿地是一种形式最简单的海绵城市雨水蓄渗设施，可以在公园和绿地、道路和广场、小区和停车场等场地设置，其应用范围较广。

下沉式绿地可汇集周围硬化地表产生的降雨径流，利用植被、土壤、微生物的作用，截留和净化小流量雨水径流，超过绿地蓄渗容量的雨水经雨水口排入雨水管网。下沉式绿地不仅可以起到削减径流量、减轻城市洪涝灾害的作用，而且下渗的雨水可以起到增加土壤水分含量以减少绿地浇灌用水量，补充地下水资源量的作用。同时，径流携带的氮、磷等污染物可以作为植被所需的营养物质，促进植物的生长。

2.4.2 下沉式绿地的功能

2.4.2.1 减少洪涝灾害

下沉式绿地可以在降雨时，让雨水较大程度地入渗至绿地中，滞留大量的雨水，避免了传统方式中雨水管渠阻塞、下水缓慢等问题。下沉式绿地的雨水下渗，增加了地下水资源和土壤中的水资源，避免了绿地的频繁浇灌，减少了绿地的浇灌用水量，从源头上实现“节能减排”的目标。

2.4.2.2 控制面源污染

雨水中携带的有机污染物和无机物等，随着雨水径流进入下沉式绿地。下沉式绿地可有效阻断面源污染，使污染物得到削减。通过土壤渗透、植物吸收、微生物分解等一系列的物理、化学、生物反应，污染物质得到有效处理，同时产生腐殖质等，为绿色植被提供良好的营养物质。下沉式绿地减少了有机污染物对人类的危害，对于周围空气的净化、噪声的吸附也起到了显著的效果。绿叶、根茎等的蒸腾作用对于减少城市的温室效应、降低夏季的城市温度也有着不可小觑的作用。

2.4.2.3 提高生活质量

下沉式绿地的建设，减少了雨水检查井的修砌，避免了雨水井盖的偷盗事件，确保了行人的安全，防止伤人事故。同时，灰色设施的减少，绿色设计的增多，为人们提供了良好的生态环境，也为昆虫、鸟类提供了栖息地，给人们带来了美的享受。

2.4.3 下沉式绿地设计

传统的城市雨水管理及内涝防治往往通过大规模的市政基础设施和管网建设来实现，但这种传统方式的弊端日渐暴露。随着城市对雨水管理要求的逐步提高，一种新型的雨水管理方式——下沉式绿地逐渐赢得人们关注，该雨水渗透方式将城市雨水防治工程和城市景观进行完美结合，给雨水的收集过滤提供了一种全新的思路。

2.4.3.1 下沉式绿地的设计流程

（1）按照项目规划，确定下沉式绿地的服务汇水面。

（2）综合下沉式绿地服务汇水面有效面积、设计暴雨重现期、土壤渗透系数等相关基础资料，利用规模设计计算图合理确定绿地面积及其下沉深度。

（3）通过绿地淹水时间和绿地周边条件对设计结果进行校准。校准通过则设计完毕，否则重新确定服务汇水面积。

2.4.3.2 下沉式绿地设计要点

目前，针对下沉式绿地的基本参数我国已有一般性规定，如北京市《雨水控制与利用工程设计规范》（DB11/T685—2009）明确指出“下沉式绿地应低于周围铺砌地面或道路，下沉深度宜为 50～100mm，且不大于 200mm”。但实际工程项目中，不同场地的绿地率、土壤渗透条件和雨洪控制目标等方面存在一定差异性，因此下沉式绿地的设计参数不能照搬 DB11/T685—2009 中的统一标准，应基于场地条件合理确定。

雨水渗透的水量平衡原理是下沉式绿地设计遵循的基本原则，其表述为

$$Q=S+U$$

雨水设计控制容积 Q，存在以下关系：

$$Q=0.001h(\psi F_n+F_g)$$

下沉式绿地雨水下渗量，存在以下关系：

$$S=60kJF_gT$$

下沉式绿地蓄水量，存在以下关系：

$$U=0.001HF_g$$

其中，各部分涉及的参数见表2.8和表2.9。

表2.8 下沉式绿地设计参数表

符号	含　义	单　位
Q	某一时段内下沉式绿地总入流量，即设计控制容积	m^3
S	下沉式绿地雨水下渗量	m^3
U	下沉式绿地的蓄水量	m^3
Ψ	综合径流系数	见表2.9
h	设计降雨量	mm
F_n	服务汇水面积	m^2
F_g	下沉式绿地面积	m^2
K	土壤稳定入渗速率	m/s
J	水力坡度	垂直下渗时为1
T	蓄渗计算时间	60min
H	下沉绿地高度	mm

表2.9 土地用地类型对应的综合径流系数

用地类型	径流系数	用地类型	径流系数
绿地	0.15	混凝土或沥青路面	0.9
透水铺装路面	0.45	屋面	0.9

以上4个公式描述了下沉式绿地设计的各部分计算方法，可根据需要进行推导。其中，下沉式绿地高度H是较为敏感的数据，不但关系到绿地的蓄水功能，且与工程成本密切相关。

2.4.3.3 建设下沉式绿地的注意事项

在不适宜建设地区，盲目建设下沉式绿地，尤其是改造原有绿地为下沉式绿地时，会带来如下不良后果：①破坏表土与植被；②暴雨多发时，由于雨水长时间淹没，植物可能死亡，且大规模单一的耐水植物不利于物种的多样性，影响景观建设；③地震、战争等灾害和大雨同时发生时，下沉式绿地无法实现防灾功能。

另外，建设下沉式绿地时，以下问题也值得关注：①下沉式绿地的蓄水量应经过科学计算，并非越多越好，当城市人口集中或需要修补地下水漏斗时，可以考虑多截留一些雨水，但应尽量减少对地域原生态水平衡的影响；②因地制宜进行建设，对于全年降水量较少的干旱城市，适宜建设下沉式绿地，但对于降水量大、暴雨多的城市以及地下水位很高的城市，则需慎重分析。

2.4.3.4 下沉式绿地的设计优化

（1）遵循设计原则。

设计原则包括三方面：①保证雨水流向下沉式绿地，在地面硬化时，将其坡度设计朝向下沉式绿地；②路缘石高度应与周边地表持平，以促进雨水径流分散流向下沉式绿地，若路缘石高于地表，则宜在其周边设置适当缺口；③溢流口应位于绿地中间或与硬化地面交界，高程应低于地面但高于下沉式绿地，具体见图 2.28。

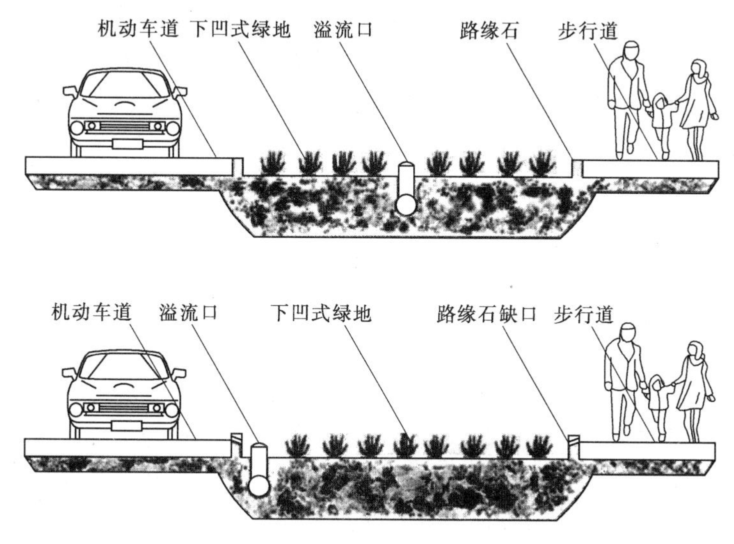

图 2.28 溢流口设计示意图

（2）景观辅助。

目前，下沉式绿地的设计仍以功能为主，而忽视了其作为景观和优化生态环境的作用。为了丰富下沉式绿地的设计手法，可采用与其他人造景观如座椅、假山等结合的方式，也可与其他雨水设施结合，以增加下沉式绿地的观赏性；在植物的选择上，可选择多种耐水性植物交错的方式，形成耐水植物体系，丰富绿地景观。

（3）关注植物淹水时间。

为了保持土壤的渗透条件，下沉式绿地项目区域应避免重型机械碾压，对已夯实的区域可加入多孔颗粒和有机质的方式调节土壤结构，对于透性较差的地块，可掺加炉渣以增强土地渗透力，缩短植物的淹水时间。若绿地淹水时间较长，可采取以下两种方式：①综合考虑整个绿地的日常维护用水量，适当增加绿地面积并调整绿地下凹深度；②适当减少绿地下沉深度，并配合透水路面、渗透渠及其他设施满足雨水排放的设计要求。

【单元探索】

观察周边环境，寻找适宜雨水净化的海绵城市水生植物，结合所在城市的道路、小区、城市绿化带建设实际，发现可进行改善的关键点，开展海绵细胞设计。

单元 2.5 水 生 植 物

【单元导航】

问题 1：常规的雨水水质处理工艺有哪些？

问题 2：海绵城市建设中常用的水生植物有哪些种类？

问题 3：水生植物在海绵城市水体净化与生态修复中的应用领域有哪些？

问题 4：水生植物在海绵城市水体净化与生态修复中的应用功能有哪些？

问题5：水生植物在海绵城市水体净化与生态修复中的应用配置原则有哪些？

【单元解析】

广义上的水生植物，是指植株的部分或全部可以长期在水体或含水饱和的基质中生长的植物，包括淡水植物和海洋植物。淡水植物的主体是水生草本植物，乔木、灌木、藤本植物中也有少数适宜水生的品种。因本书的侧重点是探讨水生植物在海绵城市水体净化和水体景观中的应用技术，因此，本书所述水生植物指在实践中常用的淡水草本类水生植物。

2.5.1 水生植物在水体净化与生态修复中的应用领域

2.5.1.1 水生植物在湖滨、河岸生态带中的应用

湖泊和河道是海绵城市最重要的海绵体，在这些海绵体的最高水位线和最低水位线之间存在一个水陆交错带，即湖滨、河岸生态带。湖滨、河岸生态带建设是湖泊、河道生态修复中最直接、最易行的工艺措施，也是原位生态修复中最常见的一种形式。

湖滨、河岸生态修复的本质是以水体净化和兼顾景观建设为主要目的，融合了湿地生态技术、水质净化技术、水生动植物技术、水利工程技术、景观园林技术等多个专业。在水生植物措施方面，通过恢复或修复，建立起丰富的湿生、挺水、浮叶和沉水等植物构成的水生植被群落。

通过湖滨、河岸生态带建设，恢复水体的自然净化能力。利用生物系统的过滤、截污功能，可以削减面源污染负荷，降低入湖入河污染物量；拦截入湖入河面源污染中的垃圾、泥沙等，减少垃圾泥沙淤积；还可以改善湖滨、河岸生态景观环境。

2.5.1.2 水生植物在潜流碎石基质人工湿地中的应用

广义的人工湿地是指人为建造或改造的仿自然湿地形式，用于种植、养殖、灌溉、水体景观及污水处理等目的的一种生态系统。人工湿地也是海绵城市建设的重要海绵体之一。

现在狭义的人工湿地，通常是指专门用于污水处理或同时兼顾景观功能的构筑型湿地，或称为生态滤池。按水力流动特征，分为表面流湿地和潜流湿地两大类型，其中潜流湿地又分为水平潜流和垂直潜流两种形式。在很多时候，人工湿地又特指净化效果突出，应用最广泛的潜流型碎石基质人工湿地。

人工湿地在实践应用中，经常还附加一些配套的预处理、后处理设施而构成完整的污水处理系统，它模仿自然生态系统中的物理、化学和生物三重协同作用来实现对污水的净化。

人工湿地是一种前景光明的新兴污水处理技术，由于其低投资、低维持费用、低能耗、高稳定性以及兼有湿地生态景观功能等优点，目前在世界各地已被广泛推广应用。近年来，人工湿地在我国发展迅猛，在农村和城镇生活污水处理、集中式小区和旅游地废水或中水回用、传统大型污水处理厂的尾水深度净化、湖泊河流面源污染的拦截或原位生态修复等领域均得到应用。

2.5.1.3 水生植物在表面流土壤基质人工湿地中的应用

表面流土壤基质人工湿地是指通过新建或改造原有水域，专门用于水体净化和生态景观功能的湿地生态系统，如在海绵城市实践应用中称为“植草沟”“生态沟渠”“生态塘”

“雨水花园”等的小型生态水体。

生态沟渠、生态塘利用原有水域改造，不占用新的土地，建设成本低，在净化水质的同时，也是良好的生态景观或水生经济作物种植地。在海绵城市生活污水处理、雨水收集和中水回用、养殖水循环净化、水域原位生态修复等领域应用较多。

2.5.1.4 水生植物在生态浮岛中的应用

生态浮岛又称生态浮床、植物浮岛、植物浮床、生物浮岛、生物浮床等。其原理是将水生植物栽种在具有一定浮力的载体上，让其漂浮在水面上，以达到净化水质、营造水域景观或生产经济作物的一种人工形成的仿自然生态水上植物浮体。

生态浮岛目前已经广泛应用于治理富营养化水体、水体生态修复、污水后期再处理等项目上，特别是在那些直接栽种水生植物难度较大、成本较高的湖泊、河道、池塘等生态修复水域应用更普及。

2.5.1.5 水生植物在海绵城市雨水 LID 中的应用

低影响开发（Low-Impact Development，LID），是发达国家 20 世纪 90 年代末才发展起来的新兴城市规划概念，最近在海绵城市建设的推动下，国内开始在一些城市推广和示范。其基本内涵是综合利用吸水、渗水、蓄水、净水等生态措施减少径流排水量和控制水体污染，使城市开发区域的水文功能接近开发之前的状况，这对城市的可持续发展具有重要意义。

雨水 LID 工程是海绵城市建设中的核心措施，通过采取雨水源头控制和末端处理等 LID 措施实现对雨水的减量及控污。雨水源头控制措施主要包括植草沟和雨水花园，通过植物截流和土壤及碎石等基质渗滤来滞留雨水流量和消减污染物。雨水末端处理主要是利用人工湿地和生态浮岛等措施来消减雨水中的污染物。

2.5.2 水生植物在水体净化与生态修复中的功能作用

水生植物是生态湿地最重要的组成部分之一，是湿地生物的主体，也是水体净化与生态修复中的关键要素、关键技术之一，其功能作用体现在以下几个方面。

2.5.2.1 直接吸收水体中的氮、磷等营养物质，吸附富集重金属和一些有毒、有害物质

通过植株的收割和生理转化，减少城市水体中氮、磷、有机物等污染物，从而提高水体质量和透明度。水生植物的吸收、吸附和富集作用与植株的生长状况和根系发达程度等密切相关，不同的气候季节、不同的植物品种、不同的污水源、不同的湿地工艺等，都会导致污水净化效果有较大差异。

2.5.2.2 稳定并改善湿地基质层的物理化学结构，提升基质中的微生物净化能力

植物通过光合作用将氧经过植株、根系等基质层输送，湿地中发达的植物根系具有巨大的表面积，可以固着大量微生物并形成生物膜，有氧区域和缺氧区域的共同存在为根区的好氧、兼性和厌氧生物提供了各自适宜的小生境，使不同的微生物各得其所，发挥相辅相成的净化作用。植物根系对基质有很强的穿透作用，可提高湿地内部的通气和水体流动性能。植物残体及其根系分泌物可以改良湿地的化学性质，为微生物的反硝化作用补充碳源，促进湿地脱氮。

水生植物的此项作用在潜流人工湿地和生态浮岛中尤为明显。

2.5.2.3 有效拦截地表污染物，固土护坡、保持水土稳定

茂盛的水生植物群落带，可拦截、净化地表径流夹带的泥沙和其他污染物，减轻湖泊、河流、渠塘的污染负荷；能够有效地减轻波浪对岸线和水体的冲击，消浪防蚀、稳定水体、防止底泥悬浮，从而减轻城市湖泊、河流、渠塘等水体富营养化程度和生态破坏。

2.5.2.4 能改善生态景观环境，产生一定的经济价值

水生植物在净化水质、恢复生物多样性的同时，也是一道亮丽的风景线。有些还可以根据条件或需求配置水生蔬菜、饲料作物、原材料植物等，可兼顾一定的直接经济效益。

2.5.3 水生植物在水体净化与生态修复中的应用配置原则

不同的水生植物在不同类型的湿地中，其成活率、生长状况、对污染物的吸收转换能力、供氧输送等存在着显著差异。因此，筛选适宜的水生植物，对提高和稳定湿地的净化和生态功能具有重要意义。在实践应用项目中，如何选用和配置水生植物往往是广大建设者最关心的一项工作。

2.5.3.1 选用植株生物量大、根系发达、耐污性强的水生植物，是首要原则

植物的根、茎、叶在构造上和生理上是相辅相成的，通常具有“根深叶茂”的一致性。水生植物的地上茎叶要高大茂盛，根系既粗壮密集又深入基质内部，这样有利于在水中吸收更多的有机物、氮、磷等营养成分来形成自身的物质，又有利于氧气及营养物质的运输、交换，促进根部形成更好的微生物活动环境。

沉水植物要优先选用容易繁殖、生长迅速、耐污性强、耐深水和浑浊水的品种。

2.5.3.2 根据水位的不同深度配置植物

各类水生植物对水位深度的适宜性差异很大，是其能否成活和正常生长的关键因素之一。通常情况下可以遵循以下原则：

（1）深水区：常年水深1m以上，如水体透明度较高，应以沉水植物为主，或配置生态浮岛。

（2）一般深水区：常年水深0.3～1m的区域，以观赏荷花、睡莲等为主，可配置沉水植物。

（3）浅水区：常年水深0.3m以内，是挺水植物的主要生长区域，基本上所有挺水植物均可选用。

（4）水陆消落区：指水岸线上下波动覆盖的水陆交错区，需要选用具有一定耐旱性的挺水或湿生植物。

（5）潜流人工湿地：水位通常在基质之下10～20cm位置，结合众多实践工程中水位经常不稳定的情况，要充分考虑湿地的长期水位因素，选用适宜水位变化的品种。

2.5.3.3 根据不同的基质、载体配置植物

（1）泥土基质：是最常见和普遍的湿地基质，绝大部分水生植物均能适应生长。

（2）碎石等填料基质：是潜流人工湿地的常用基质，潜流湿地的水力水位特征、种植基质、污水浓度、处理效率等各方面，均与表面流湿地有着明显区别和不同要求，对水生植物的选配要求更高，必须选用适合它生长的品种，不然轻则生长不良、重则无法成活。

（3）生态浮岛载体：没有专门装载水生植物的种植篮（穴）的简易网状浮岛，通常只能种植浮叶和漂浮植物；有专门的种植篮或种植孔穴的浮岛，可以种植挺水植物。生态浮

岛属于无土栽培，还要选择适应无土、能水培的品种，及考虑抗风浪、易维护等因素。

2.5.3.4　根据不同的气候区域、季节配置植物

我国地域广阔，南北气候跨度大，在热带地区应以喜温植物为主，寒带地区则宜配置耐旱性强的植物。目前国内水生植物的主要应用品种，有很多是原产地在我国南方或从南美、非洲等地引进的热带植物，要注意其中有些品种是无法在北方室外自然安全过冬的。

在不同的季节移栽植物，要充分了解品种的繁殖特征。很多植物即使在同一地区，但春夏秋冬不同时节的移栽，在后期生长期间也会出现大不相同的状况。

2.5.3.5　多层次、多物种植物合理搭配

选择多种不同类型的优势品种，可以增加海绵城市生态系统的多样性和稳定性。地上部分形成高低错落的种群，能更充分地利用太阳光能；地下部分根系深浅交错，使好氧微生物活动的范围加大，也有利于有机物质的分解和有毒物质的氧化。

具体可以体现在：湿生、挺水、浮叶、沉水等各类植物空间结构的优化搭配；冬季物种与夏季物种的搭配；多年生植物与一年生植物的搭配；植株高矮、景观效果差异的搭配等。

2.5.3.6　可以兼顾一定的景观观赏和经济价值

以水体净化和生态修复为目标的植物配置，应以最大限度地提供净化处理能力为主要选用标准。在确保去污能力的条件下，可以适当配置有特定景观效果或经济价值的品种。

2.5.3.7　容易采集或可以购买的品种

海绵城市建设具有能大范围推广普及的使命要求，植物工程量和需求量通常也较大，在品种的配置上既要把握品种的去污能力，又要充分考虑其经济实用、操作性强、易推广的因素。选用的品种要么是在野外容易大量采集到的，要么是能够在各专业水生植物生产基地能采购到的。

2.5.3.8　慎用易泛滥成灾或破坏生态平衡的品种

如凤眼莲和喜旱莲子草就是两种典型的水生外来入侵物种，已造成我国大范围的生态灾难。近些年从国外引进的粉绿狐尾藻、水盾草等也是潜在的入侵物种。这些繁殖力、破坏力极强的品种一定要慎用，甚至需要坚决抵制使用。

谨慎使用漂浮植物，或在有围护等措施的情况下少量应用。在需要控制生长范围的水体中，荷花等繁殖快速的植物可采用缸或水下花坛等方式来控制。

【单元探索】

发现身边的水生植物，观察它们的生长习性。

单元 2.6　城市道路排水系统

【单元导航】

问题：新型雨水管理系统的工作原理是什么？

【单元解析】

2.6.1　传统的给排水系统

传统的给排水系统如图 2.29 所示，存在诸多弊端，具体如下：

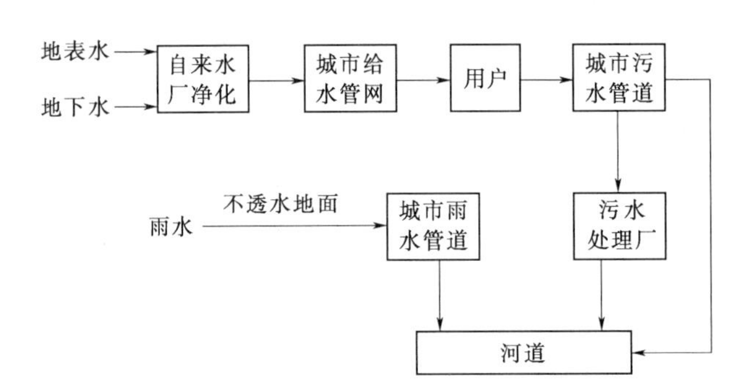

图 2.29 传统的给排水系统（以分流制排水系统为例）

（1）在传统的给排水系统中，水的流动是单向的，“随用随弃”，造成很大的浪费；同时，直接将未加处理的污水排放至水体，引起地表水、地下水严重污染，使生态环境受到破坏，直接威胁着人类的健康和生存条件。

（2）随着城市化进程加快，原有植被和土壤为不透水地面替代，天然的调蓄系统如池塘、湿地被地下排水管网取代。由人工建筑物构成城市的硬质化下垫层后，城市滞水空间被占用，地表不透水面积的增加，造成径流量的增加、地面汇流时间缩短。此外，城市的雨水管网日趋完善，而且传统的雨水排放系统都是以尽快汇集与排除地面径流为目标，这就更加速了雨水向城市各条河道的汇集，使河道洪峰流量迅速形成，对低洼地带造成了更大的威胁。近年来我国的城市水涝灾害频发，呈现出“城市越大、给排水设施越完备、水涝灾害愈严重”的怪现象。

（3）城市化产生的大量不透水地面使下渗水量大大减少，大部分雨水通过排水管网成为河道径流而无法补充地下水；另外，由于河道等地表水严重受污染（生活、工业污水与地表雨水径流等都是污染源），为了满足日益增长的用水需求，人们不得不过量开采地下水。这双重的逆向反差导致地下水位大幅度下降，引起地面沉降。以浙江省为例，嘉兴市40年来地面沉降累计达81.4cm，其周围城镇如海宁、桐乡、海盐、嘉善等县城地面沉降也均超过50cm，沉降总面积达2000km^2，与苏、锡、常、沪形成了一个沉降区。宁波平原沉降面积150km^2，而且地面仍在以每年1cm的速度下降。

地面沉降又加剧了水涝灾害问题：①地表高程减小使得江河湖海的沿岸防汛堤坝下沉，城市易受海潮洪水袭击，个别沉降严重的城市局部地表高程接近甚至低于海平面，形成成片洼地，一到雨季，道路积水，住宅进水，居住环境恶化；②地面的不均匀沉降使建筑物失稳、产生裂缝，地下埋设的通信光缆等设施发生开裂和错位，公路、铁路遭受破坏从而影响交通，桥梁地基下沉、桥下净空减小而影响航运。此外，地面沉降还可能引起地裂缝和诱发滑坡。

2.6.2 新型给排水系统

从系统的观点看，目前城市所面临的水涝灾害与地面沉降等生态环境问题，反映了现有的雨水管网系统已经与大规模城市化发展不相适应，强烈地干扰了城市原有的水文生态系统、破坏了自然的水循环。近几十年来，很多国家都从雨水的地下渗透与滞留、贮存、净化处理、利用着手，积极地探索新型的城市给水排水系统，并取得了一些成果。新型的给排水系统见图 2.30。从图 2.30 中可以看到，新系统正是针对城市化对水循环系统造成的不利影响而设计的。

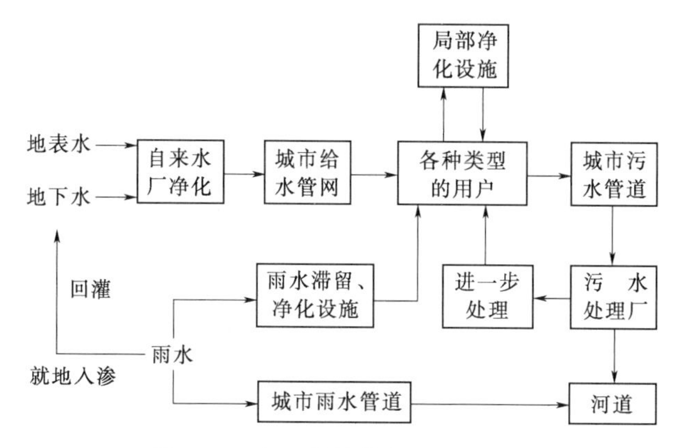

图 2.30 新型的给排水系统示意图

海绵城市通过对湿地、绿地以及可渗透路面等“海绵体”的生态基础设施建设，旨在解决城市雨洪调蓄、径流污染控制等问题。其设计理念可广泛应用于各类生态基础设施建设当中，保障可持续发展的多功能性。海绵城市建设理念在渗透铺装中应用极为广泛，对污水处理厂尾水处理及工程建设中水土流失防治也提供了新思路。

2.6.3 城市雨水管理系统设计

海绵城市雨水管理系统设计综合采用生态学以及工程学方法，针对雨水排放、雨水收集利用、雨水渗透处理和雨水调蓄等问题采取一系列低影响开发措施，以求实现城市防洪减灾，维护区域生态环境的目的。

2.6.3.1 城市雨水管理系统设计理论依据

研读“可持续城市排水系统理论”“低影响开发模式理论”“水敏感性城市设计理论”和“城市出设施共享理论”等基于径流源头治理的生态基础设施理论研究，可知这些理论强调雨水基础设施的分散化、源头处理、非共享、减量化、资源化和本地化等特征。

而基于前文分析的雨水基础设施规划现状问题，应结合径流源头治理的生态基础设施理论，在城市宏观层面提出“源头减排，过程转输，末端调蓄”的规划治理思路，在城市微观层面提出“集、输、渗、蓄、净”的设计治理手段。

2.6.3.2 宏观层面上的城市雨水管理系统设计

依据“源头减排，过程转输，末端调蓄”的规划治理思路，结合城市绿地系统规划，将宏观层面上的城市雨水管理系统设计分为多级控制阻滞系统（居住区级雨水花园、小区级雨水花园游园和居住绿地级雨水花园）、滞留转输系统（下沉式道路绿地/植草沟和渗管/渠渗透）和调蓄净化系统（城市综合公园和湿地公园）。

将居住区公园、小区游园和居住绿地分级进行径流总量控制规划，外溢的雨水径流通过线状的下沉式道路绿地（植草沟）和渗管/渠渗透并输送至市区级的综合公园，综合公园由下凹绿地、雨水花园和透水铺装等滞留渗透系统，湿塘、雨水湿地、调节塘和容量较大的湖泊等受纳调蓄设施组成，城市综合公园应通过自然水体、行泄通道和深层隧道等超标雨水径流排放系统连通，将超标雨水通过该系统排至城市外。在城市下游，结合城市污水处理厂的中水排放设置湿地公园，丰富城市景观的同时起到水质净化和削减洪峰的作用。

2.6.3.3 微观层面上的城市雨水管理系统设计

依据“集、输、渗、蓄、净”的设计治理手段，结合雨水链设计理念，可以设计构建从工程化硬质到生态化软质的一系列雨水管理景观设施，包括：①“集流技术”——绿色屋顶和雨水罐；②“转输技术”——植草沟和渗管或渠；③“渗透技术”——透水铺装、雨水花园、渗井；④“储蓄技术”——蓄水池、湿塘、雨水湿地；⑤“净化技术”——植被缓冲带、初期雨水弃流设施、人工土壤渗滤。

在建筑与小区用地中，从“集流技术”到“净化技术”设施的空间布局应该由建筑屋顶靠近建筑，再远离建筑依次分布。

【单元探索】

观察所在城市雨水管理系统的不足之处，创新性地进行局部改造设计。

【项目练习】

一、名词解释

1. 透水铺装：____

____

2. 雨水花园：____

____

3. 绿色屋顶：____

____

4. 水生植物：____

____

5. 生态浮岛：____

____

二、论述题

1. 试论述透水铺装与其他铺装形式的区别。
2. 试述透水铺装的构造及每部分的功能。
3. 试论述透水铺装的下渗原理。
4. 透水铺装表面径流延迟时间、径流体积、径流速率与流行时间、峰值流量如何计算？
5. 试述透水路面的主要病害和维护管理的要点。
6. 试述雨水花园的作用和价值。
7. 试述雨水花园的结构及各部分功能。
8. 试述雨水花园表面积如何计算。
9. 试述雨水花园植物配置策略。
10. 试述绿色屋顶的结构及各部分功能。
11. 试述绿色屋顶设计原则。

12. 试述绿色屋顶的效益。

13. 影响水生植物生长的主要环境因素有哪些?

14. 水生植物在水体净化与生态修复中的功能作用有哪些?

15. 水生植物在水体净化与生态修复中的应用配置原则是什么?

三、综合训练题

1. 如图 2.31 所示，在城镇建设中提倡用透水铺装材料铺设“可呼吸地面”代替不透水的硬质地面。请完成下列问题。

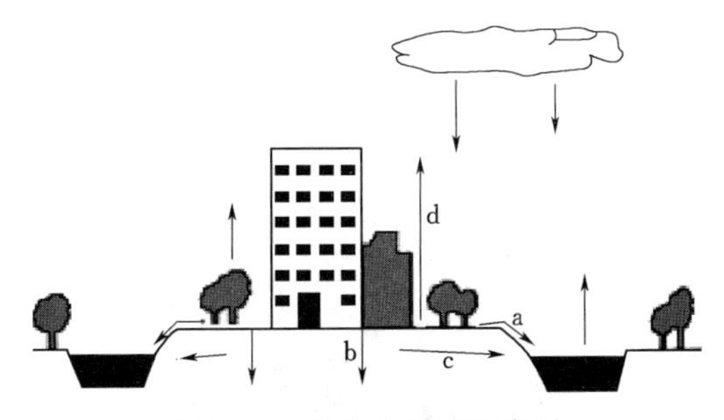

图 2.31　城市水循环示意图

(1) 采用“可呼吸地面”之后，中四个环节的变化符合实际的是(　　)

A. a 增加　B. b 增加　C. c 减少　D. d 减少

(2) 在相同状态下，最有利于地表水下渗的条件是(　　)

A. 降水强度大，植被稀少　B. 降水强度大，植被丰富

C. 降水强度小，植被稀少　D. 降水强度小，植被丰富

2. 雨水花园是一种模仿自然界雨水汇集、渗漏而建设的浅凹绿地，主要用于汇聚并吸收来自屋顶或地面的雨水，并通过植物及各填充层的综合作用使渗漏的雨水得到净化。净化后的雨水不仅可以补给地下水，也可以作为城市景观用水、厕所用水等。根据雨水花园结构示意图(图 2.32)，完成下列题目。

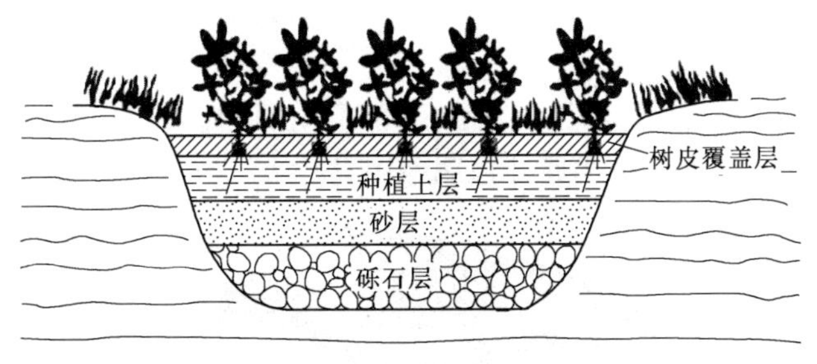

图 2.32　雨水花园结构示意图

(1) 铺设树皮覆盖层的主要目的是(　　)

A. 为植物提供养分　B. 控制雨水渗漏速度

C. 吸附雨水污染物　D. 保持土壤水分

(2) 对下渗雨水净化起主要作用的填充层是(　　)

A. 树皮覆盖层和种植土层　B. 种植土层和砂层

C. 砂层和砾石层　　　　　　　　　　D. 树皮覆盖层和砾石层

(3) 雨水花园的核心功能是（　　）

A. 提供园林观赏景观　　　　　　　　B. 保护生物多样性

C. 控制雨洪和利用雨水　　　　　　　D. 调节局地小气候

3. 海绵城市是指城市能够像海绵一样，在适应环境变化和应对自然灾害等方面具有良好的“弹性”，下雨时吸水、蓄水、渗水、净水，需要时将蓄存的水“释放”并加以利用，见图2.33。据此回答下列问题并说明原因。

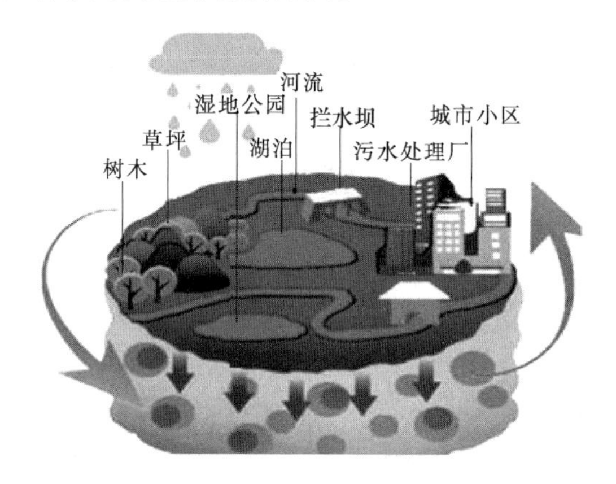

图2.33　海绵城市设计示意图

(1) 图示事物主要作用（　　）

A. 树木、草坪大量吸收大气降水和地下水

B. 湿地公园、污水处理厂可以净化水质

C. 河流、湖泊可以调蓄多雨和少雨期降水量

D. 城市小区、拦水坝可以增加下渗水量

(2) 建设城市绿地采用下凹式绿地和植草沟，主要作用是（　　）

A. 强化雨水的滞留能力　　　　　　　B. 降低降水造成的水土流失

C. 减轻土壤的盐渍化现象　　　　　　D. 加强生物和环境多样化

4. 图2.34为我国某城市海绵城市建设利用雨水而设计的房屋效果图，收集到的雨水可用于洗车、冲厕等。完成下列小题并说明原因。

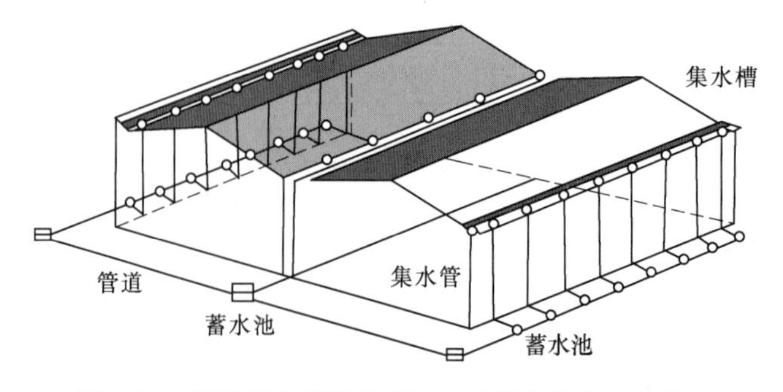

图2.34　海绵城市建设利用雨水而设计的房屋效果图

(1) 图中所示的雨水处理方式，直接影响的水循环环节是（ ）

A. 下渗 B. 径流 C. 蒸发 D. 水汽输送

(2) 该类房屋的雨水处理方式，最突出的效益是（ ）

A. 补充城市地下水 B. 减缓城市内涝

C. 缓解城市缺水 D. 提升居住环境质量

项目3　中观尺度海绵城市建设技术

【教学目标】

本项目以城市区域海绵城市建设为对象，结合北京市海绵城市建设相关案例，对中观尺度海绵城市关键技术进行分析。应当在认知我国城市特点和海绵城市建设历程的基础上，掌握中观尺度海绵城市建设的关键工程技术，并进一步熟悉海绵城市规划、建设和管理思路。

【学习目标】

学习单元	能力目标	知识点
单元3.1	掌握中观尺度海绵城市的主要建设内容，了解我国城市发展存在的水问题及海绵城市建设进程，对中观尺度海绵城市建设技术概念有所认识	中观尺度海绵城市的建设内容； 中观尺度海绵城市建设技术和管理技术
单元3.2	掌握中观尺度海绵城市建设的规划原则、规划建设要求和关键技术	中观尺度海绵城市建设规划原则； 中观尺度海绵城市建设关键技术
单元3.3	掌握中观尺度海绵城市建设的管理技术	中观尺度海绵城市建设的管理技术
单元3.4	掌握中观尺度海绵城市建设关键技术措施及应用，了解项目区主要海绵城市建设项目和建设内容	北京市海绵城市建设规划格局； 北京市海绵城市建设规划项目； 绿地系统、水系建设、雨水管理系统、治污截污工程基本组成

单元3.1　中观尺度海绵城市建设内容

【单元导航】

问题1：我国城市存在的水问题？

问题2：中观尺度海绵城市建设的发展历程？

问题3：中观尺度海绵城市建设的工程措施和非工程措施？

【单元解析】

3.1.1　建设背景

国务院参事、住房和城乡建设部原副部长仇保兴同志在第九届中国城镇水务发展国际研讨会上指出，海绵城市规划与智慧水务是协调海绵城市各单元有效运行的两大系统工程，区域、城市、社区、建筑四层次低影响开发的侧重点有所不同，需要上下结合推动系统创新，最终促进我国水资源的合理规划应用。因此，海绵城市建设应当从小区、区域、流域等不同层面，针对从小到大不同重现期降雨，系统研究并统筹考虑水安全、水环境、水资源问题。

中观尺度海绵城市建设主要指城区、乡镇、村域尺度，或者城市新区和功能区块等相关内容建设，重点研究如何有效利用规划区域内的河道、坑塘、绿地、广场、道路边沟，结合集水区、汇水节点分布合理规划并形成实体的城镇海绵系统，最终落实到土地利用和城镇的控制性规划中，综合解决规划区域内的水系和湿地规划、绿地分布规划、道路交通系统规划，及其与城市建筑和基础设施的相互衔接关系，以实现局地的雨洪管理目标。

由于各地气候、地形及水文条件千差万别，所以，海绵城市建设技术的应用需要因地制宜。城市中有出色的绿色海绵体，关键还在于景观的系统设计，这就是为什么需要景观设计作为专业和职业的重要理由。海绵城市的设计要求设计师不但有科学的头脑、技术的训练，还需要有艺术和人文的修养。同时，每项技术不是孤立存在的，它们构成一个系统的设计，形成一个有机体，它们在具体的工程项目中得到最全面的展示。所以，景观的系统设计和案例学习是培养设计师综合设计能力的重要途径。

海绵城市建设并非独立项目，而是一项系统工程，需要多学科、多部门联合协作。例如，在北京市的规划中，公园绿地、道路建设、停车场改造等城市“海绵体”的建设则需要园林、交通等不同部门分别实施。需要注意的是，除了在规划层面达到部门之间的统筹和协调外，在具体操作过程中，施工验收、运行监管的相关标准仍有待进一步明确与细化，以确保规划目标的落实。对此，北京市政府 2016 年发布的《中共北京市委北京市人民政府关于全面深化改革提升城市规划建设管理水平的意见》分工方案中要求，2020 年前编制北京市海绵城市建设专项规划和技术导则，配套制定规划、建筑、园林、水务、交通等相关行业标准规范。

3.1.2 建设体系

海绵城市建设体系包括工程技术措施和非工程技术措施两大措施（图 3.1）。中观尺度海绵城市建设中，工程措施主要将低影响开发设施融入城市绿地、水系、建筑及道路交通等规划设计中，并形成各生态基础设施的整合系统，是雨洪管理的重要手段和措施。在城市总体规划的指导下，做好低影响开发设施（城市绿地、水系、建筑及道路交通等生态基础设施）的类型与规模设计及空间布局，使城市绿地、花园、道路、房屋及广场等都能成为消纳雨水的绿色设施（图 3.2）。并且，结合城市景观及城市排水防洪系统进行规划设计，在削减城市径流和净化雨水水质的同时形成良好的景观效果，实现海绵城市建设“修复水生态、递养水资源、改善水环境、提高水安全及复兴水文化”的多重目标。

在海绵城市建设规划中，对河湖、湿地和沟渠等现存的“海绵体”进行最大限度的保护，修复遭受破坏的生态环境，严格控制周边的开发建设。从整体规划角度来看，应强调将海绵城市理念引入城乡各层级规划中，在总体规划中强调合理划定城市的蓝线和绿线，保护河流、湖泊及湿地等自然生态资源，将海绵城市建设的要求与城市的绿地系统、水系布局和市政工程建设相结合；在控规中，将屋顶绿化率、垂直绿化率、下沉式绿地率和透水铺装率等纳入控规指标中，使其能够更合理有效地进行作业；此外，将海绵城市的建设

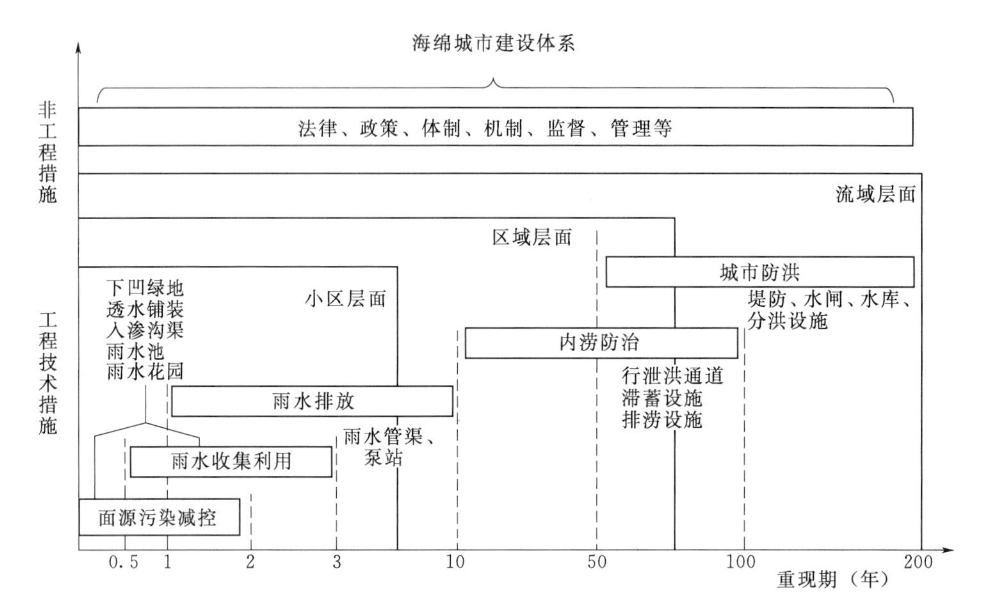

图3.1 海绵城市建设体系

理念植入绿地系统规划和城市排水防洪规划等各类专项规划中，并保证切实有效的实施。落实于具体建设方面，主要以住区、道路、公园广场和商业综合体等为对象，融入海绵城市理念。

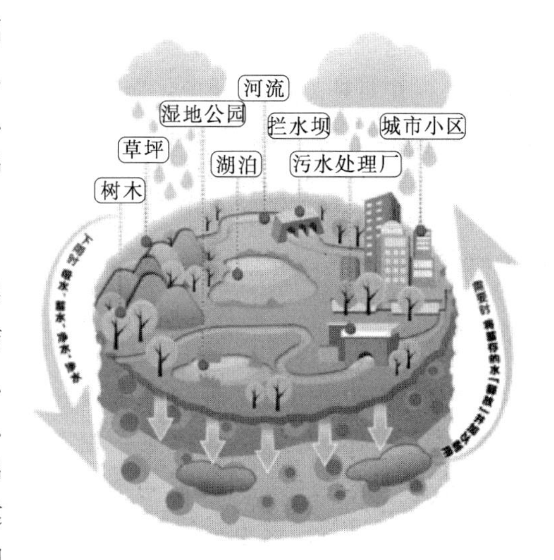

图3.2 中观尺度海绵城市组成单元

3.1.3 建设内容

建设海绵城市要有“海绵体”，城市海绵体是对雨水具有吸纳、蓄滞和缓释作用的结构，既包括河湖等水系，也包括绿地、花园、可渗透路面等城市配套设施。除山区保护、河湖水系治理、蓄滞洪区的建设之外，海绵城市建设还包括公园绿地、道路广场以及建筑小区等。建设海绵城市，需要科学规划和统筹实施城市河湖水系、园林绿地系统、道路交通系统、建筑小区系统建设，方能有效缓解城市洪涝灾害、雨水利用不足、雨污水混流三大问题，实现雨水资源化和污水资源化，提高城市防洪排涝减灾能力，改善城市生态环境，建设生态美丽城市。

3.1.3.1 城市河湖水系建设

水系是城市径流的自然排放通道（河流）、净化体（湿地）及调蓄空间（湖泊、坑塘等）。流域是一个动态的有组织的复合系统，大气干湿沉降因素、人类日常活动以及周边大自然的新陈代谢都是影响流域系统的重要因素。必须统筹考虑整个流域，重点从点源污染和面源污染的防治着手，同时修复水生态自净化系统，真正做到恢复流域内的自然生境。海绵城市理念主要针对雨水管理，实现雨水资源的利用和生态环境保护，极大地缓解了城市面源污染的入河风险。因此，城市的规划与建设应以环境承载力为中心，建立海绵城市系统，实现流域生态系统可持续发展。

流域治理不应只着眼于河道的治理，更要从流域全局出发，从城市和乡村不同角度着手，针对城市内涝、面源污染及生态修复等不同方面采取治理措施。在流域治理方面，设计思路可采用由内向外和自上至下的空间格局进行分析。首先应解决水系行洪排涝安全问题；其次采用生态工程措施对水质进行改善，进行河滨景观设计，提升河滨土地价值，最后对旧城区实现海绵城市改造，加入低影响开发设施理念，实现其“集、蓄、渗、净”等功能，将雨洪作为资源，保证旱季有水可用，雨季有水可蓄的可持续发展目标。

3.1.3.2　城市绿地系统建设

城市绿地是指由公共绿地（包括公园绿地）、生产绿地和防护绿地等组成的绿化用地，具有生态、景观和休闲游憩等作用。城市绿地系统是城市中最大的“海绵体”，也是构建低影响开发雨水系统的重要场地，其调蓄功能较其他用地要高，并且可担负周边建设用地海绵城市建设的荷载要求。城市绿地及广场的自身径流雨水可通过透水铺装、生物滞留设施和植草沟等小型低影响开发设施进行雨水消纳。

3.1.3.3　道路交通系统建设

对城市道路而言，人行道、车流量和荷载较小的道路宜采用透水铺装，道路两旁绿化带和道路红线外绿地可设计为植被缓冲带、下沉式绿地、生物滞留带及雨水湿地等，增加地面的透水性及绿化覆盖率，最大限度地把雨水保留下来。此外，植草沟、生态树池和渗管或渠道等也可实现雨水的渗透、储存及调节。径流雨水首先应利用沉淀池和前置塘等进行预处理，然后汇入道路绿化带及周边绿地内的低影响开发设施，且设施内的溢流排放系统应与其他低影响开发设施或城市的雨水管渠系统和超标雨水径流排放系统相衔接，以实现“肾—肺—皮—口—脉”的有机整合。通过管道与周边的公园水系和河流相结合，形成城市的应急储备水源。

3.1.3.4　建筑小区系统建设

在海绵城市建设中，建筑小区设计与改造的主要途径是推广普及绿色屋顶、透水停车场、雨水收集利用设施，以及建筑中水的回用（建筑中水回用率一般不低于 30%）。首先，将建筑中的灰色水和黑色水分离，将雨水、洗衣、洗浴水和生活杂用水等污染程度较轻的“灰水”经简单处理后回用于冲厕，可实现节水 30%，而成本只需要 0.8～1 元/m^3。其次，通过绿色屋顶、透水地面和雨水储罐收集到的雨水，经过净化既可以作为生活杂用水，也可以作为消防用水和应急用水，可大幅提高建筑用水效率，体现低影响开发的内涵。综上，对于整体海绵建筑设计而言，为同步实现屋顶雨水收集利用和灰色水循环的综合利用，可将整个建筑水系统设计成双管线，抽水马桶供水采用雨水和灰水双水源，建筑雨水利用与中水回用示意图如图 3.3 所示。以北京市政部门测算，如果 80% 的建筑推广这种中水回用体系，市政污水的三分之一能作为再生水利用，该市每年约可节约 12 亿 m^3 水，相当于南水北调工程供给首都的总水量。

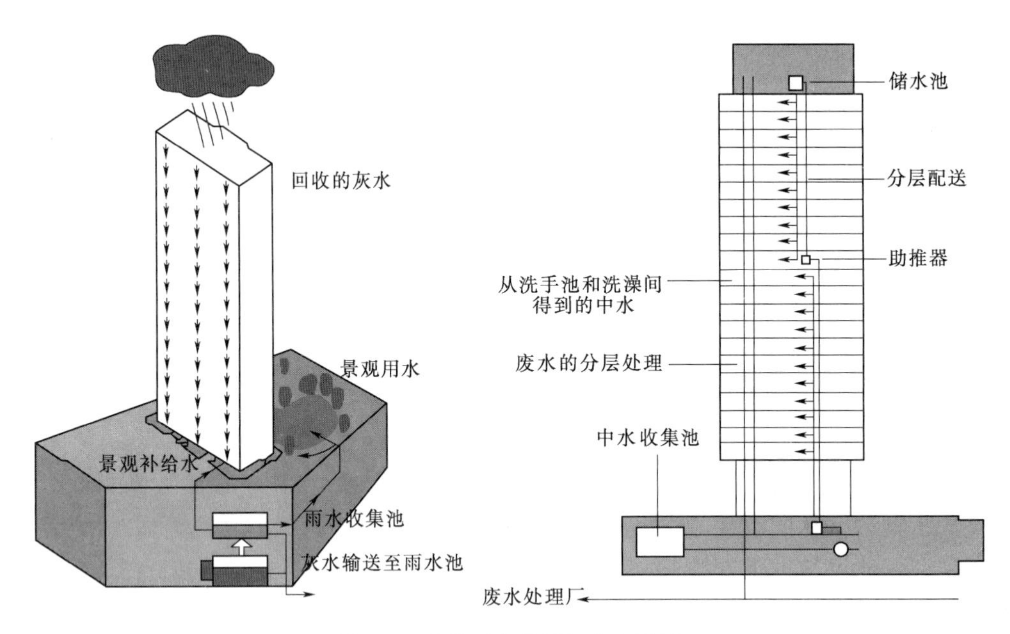

图 3.3 建筑雨水利用与中水回用

单元 3.2 中观尺度海绵城市规划建设技术

【单元导航】

问题 1：中观尺度海绵城市规划原则和建设要求？

问题 2：中观尺度海绵城市建设的关键技术？

【单元解析】

3.2.1 规划设计原则

城市的生态建设是一个贯穿城市开发始终的问题，一个城市在规划设计之初就应该必须尊重地形地貌，水文和植被等等，确定湿地面积与陆地总面积的比例，并以此为红线。另外，还要注重低影响开发，采用生态学理论进行合理的资源配置和空间格局部署。

3.2.1.1 尊重河流水系

尊重河流水系，既不应该把河流作为纳污场所，不能破坏水岸边的草沟草坡，同时要防止面源污染，保护水系的自净化系统和水生态系统。

从水文循环角度，开发前后的水文特征基本不变，包括径流总量不变、峰值流量不变和峰现时间不变。要维持下垫面特征以及水文特征基本不变，就要采取渗透、储存、调蓄和滞留等方式，实现开发后一定量的径流不外排；要维持峰值流量不变，就要采取渗透、储存和调节等措施削减峰值、延缓峰现时间。

海绵城市设计的第一个挑战就是如何确定一个城市或者一个区域，适当的水域和湿地面积与陆地总面积之比例，这个比例跟年总降雨量、最大降雨量、地形地势、土壤类型、植被类型直接相关，以绍兴为例，其城市规划中该比例为15%比较合适。

3.2.1.2 尊重表层土壤

尊重表土，则要保护和利用好这个宝贵资源，防止水土流失，在土地开发中收集表土并且在土地开发后复原表土。表土也是土壤中有机质和微生物含量最多的地方，也是植被生长的基础，在降雨过程中表土能够渗透、储存和净化降水。一些有经验的国家，已经清晰地认识到表层土壤的重要性。比如，美国和澳大利亚已经设立了专门的表土层保护的法律和机构，英国和日本则有详细的土壤处置指南。

海绵城市建设应用表土层剥离利用的流程和技术，将这些稀缺的表土资源回填到城市绿地或者公共空间，实现建设用地、景观用地与农业用地的多方优化。表土在海绵城市中的作用主要表现在以下三方面。

表土渗透降水：降水从陆地表面通过土壤孔隙进入深层土壤的过程是降水的渗透。渗透进入表土中的水分，部分进入深层土壤后渗漏，其余的水分转化为土壤水停留在土壤中。表土是降水的重要载体，表土渗透水的能力直接关系到地表径流量、表土侵蚀和雨水中物质的转移等。土壤渗透性越强，减少地表径流量和洪峰流量的作用越强。

表土储存降水：表土通过分子力、毛管力和重力将渗透进来的水储存在其中，储存在表土中的水主要有吸湿水、膜状水、毛管水和重力水几种类型，分为固态、液态和气态三种不同的形态。其中，液态水对植物生长非常关键，其主要存在于土壤孔隙中和土粒周围。

表土净化降水：表土净化降水的核心是通过表土—植被—微生物组成的净化系统来完成。表土净化降水过程包括土壤颗粒过滤、表面吸附、离子交换以及土壤生物和微生物的分解吸收等。

3.2.1.3 尊重地形地貌

自然地形所形成的汇水格局是一个区域开发的重要因素，地形变了，汇水格局也会相应改变。低影响开发就是要研究原有地形和开发后地形的不同汇水格局及其影响。因此，以尊重地形为出发点的规划设计和土地开发，对环境的影响小，相对安全，也可以体现空间的多样性，具有自然和艺术之美。

地形地貌在一定程度上影响着其他生态因子（表 3.1），例如地形地貌对局部气候（温度和降水）、水环境和生物的分布及多样性有影响；地形的构造和海拔差异也会对当地的日照、太阳辐射和风环境等造成影响。虽然地形对生态城市规划的制约在不同的设计阶段尺度是不同的，但在中观尺度和微观尺度城市规划设计时，针对地形地貌对局地气候的调节作用，规划者应该合理利用它，因地制宜加以控制和引导，为建筑选址争取到最佳的方位、日照和风环境等，改善不同季节的人体体验舒适度，降低建筑能耗，节约资源。根据地形地貌分析得到当地太阳辐射数据，可以合理利用太阳能资源和配置植物布局。

起伏的地形形成各具特色的水文单元—流域，自然汇水将地表不同形式的水系联系起来。海绵城市建设作为流域管理的一个节点，把研究区域只局限在一部分地区显然是不完整的。应分析流域的地形、水文、土壤和气候等生态因素，把城市发展置于流域管理的系统中，使整体的建筑布局和动植物群落符合流域整体格局。

表 3.1 不同地形与气候等环境要素的关系

地形	升高的地势	平坦的地势	下降的地势					
	丘、丘顶	垭口	山脊	坡（台）地	谷地	盆地	冲地	河侵地
风态	改变风向	大风区	改向加速	顺坡风/涡风/背风	谷地风		顺沟风	水陆风
温度	偏高易降	中等易降	中等北风坡高热	谷地逆温	中等	低	低	低
湿度	湿度小、易干旱	小	湿度小、干旱	中等	大	中等	大	最大
日照	时间长	阴影旱时间长	时间长	向阳坡多	阴影旱、差异大	差异大	阴影旱、时间短	
雨量				迎风雨多、背风雨少				
地面水	多向径流小	径流小	多向径流小	径流大、冲刷严重	汇水易淤积	最易淤积	受侵蚀	洪涝洪泛
土壤	易流失	易流失	易流失	较易流失			最易流失	
动物生境	差	差	差	一般	好	好	好	好
植被多样性	单一	单一	单一	较多样	多样	多样		多样

3.2.1.4 尊重原生植被

植被是顺应地形的产物，也是水和土壤的产物，而植被也是地形、水和土壤的“守护神”。没有植被，水土流失和面源污染则不可避免；没有植被，水质、水资源和表土都会丧失，地形也会改变，而水也会失去它的资源属性，变成灾难性的洪水、干旱水荒，造成经济损失，成为制约城市发展的瓶颈。

城市建设要尽量保护土地原生的自然植被，保证城市的绿地率，丰富植被多样性，使城市生态系统正向演替。丰富的地表植被在降雨初期进行雨水截留，根系吸收一些土壤中水分为未来丰水季节降水提供渗透空间。地表水体补充地下水时，污染物被植被与土壤吸收净化，对地下水水质提升有积极的影响。在起伏的地区，植被的分布能够减少水流对地表的冲击，减轻对小溪渠道的破坏，减少汇水面的水土流失，避免河床抬高，防止洪涝灾害。

植被在低影响开发中具有重要作用，低影响开发的种植区可实现坑塘和生物滞留池的排水和雨洪滞留等功能，植被种植区具有自然渗透、减小地表径流、增加雨水蒸发量、缓解市区的热岛效应、降低入河雨洪的流速和水量、降低污染系数、控制面源污染等重要作用，根据植物特性在适当的区域种植最适合的植物是达到其最佳排水功能的关键因素，需根据植物的需水量、耐涝程度、根叶降解污染物的能力来选择适当的植物。

3.2.2 规划建设要求

中观尺度海绵城市建设必须要借助良好的城市规划作为分层设计来明确要求（图3.4）。第一层次是城市总体规划。要强调自然水文条件的保护、自然斑块的利用、紧凑式的开发等方略。还必须因地制宜确定城市年径流总量控制率等控制目标，明确城市低影响开发的实施策略、原则和重点实施区域，并将有关要求和内容纳入城市水系、排水防涝、绿地系统、道路交通等相关专项或专业规划。

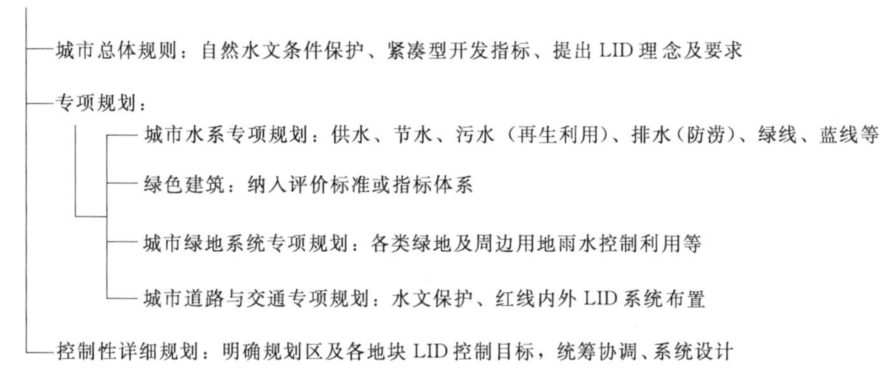

图 3.4　中观尺度海绵城市建设城市规划顶层设计

第二层次是专项规划。包括城市水系统、绿色建筑、绿地系统、道路交通等基础设施专项规划。其中，城市水系统规划涉及供水、节水、污水（再生利用）、排水（防涝）、蓝线等要素；绿色建筑方面，由于节水占了较大比重，绿色建筑也被称为海绵建筑，应把绿色建筑的实施纳入到海绵城市发展战略之中。城市绿地系统规划应在满足绿地生态、景观、游憩等基本功能的前提下，合理地预留空间，为丰富生物种类创造条件，对绿地自身及周边硬化区域的雨水径流进行渗透、调蓄、净化，并与城市雨水管渠系统、超标雨水径流排放系统相衔接；道路交通专项规划，要协调道路红线内外用地空间布局与竖向空间，利用不同等级道路的绿化带、车行道、人行道和停车场建设雨水滞留渗设施，实现道路低影响开发控制目标。

第三层次是控制性详细规划。分解和细化城市总体规划及相关专项规划提出的低影响开发控制目标及要求，提出各地块的低影响开发控制指标，并纳入地块规划设计要点，并作为土地开发建设的规划设计条件，统筹协调、系统设计和建设各类低影响开发设施。通过详细规划可以实现指标控制、布局控制、实施要求、时间控制这几个环节的紧密协同，同时还可以把顶层设计和具体项目的建设运行管理结合在一起。

低影响开发的雨水系统构建涉及整个城市系统，应通过当地政府把规划、排水、道路、园林、交通、项目业主和其他一些单位协调起来，明确目标，落实政策和具体措施（图 3.5）。

具体来讲，一是要结合城市水系、道路、广场、居住区和商业区、园林绿地等空间载体，建设低影响开发的雨水控制与利用系统。在扩建和新建城市水系的过程中，采取一些技术措施，如加深蓄水池深度、降低水温来增加蓄水量并合理控制蒸发量，充分发挥自然水体的调节作用。

二是改造城市的广场、道路，通过建设模块式的雨水调蓄系统、地下水的调蓄池或者下沉式雨水调蓄广场等设施，最大限度地把雨水保留下来。在一些实践中，实现了道路广

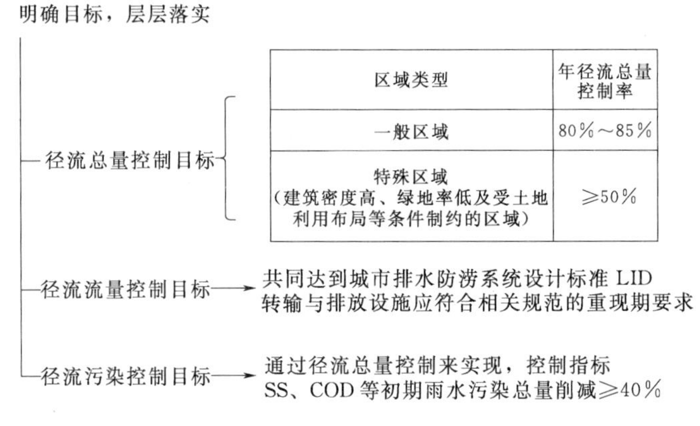

图 3.5 层层落实控制目标

场的透水地面比例≥70%，下凹式绿地比例≥25%，综合径流系数≤0.5。

三是在居住区、工商业区 LID 设计中，改变传统的集中绿地建设模式，将小规模的下凹式绿地渗透到每个街区中，在不减少建筑面积的前提下增加绿地比例，可实现透水性地面≥75%，绿地率≥30%（其中下凹式绿地≥70%），综合径流系数≤0.45。

四是在园林绿地采用 LID 设计，绿地的生态效益更加明显。在海绵城市建设实践中，通过建设滞留塘、下凹式绿地等低影响开发设施，并将雨水调蓄设施与景观设计紧密结合，可以实现人均绿地面积≥20m^2、绿地率≥40%（其中下凹式绿地≥70%）、绿化覆盖率≥50%、透水性地面≥75%的目标，综合径流系数可以控制在 0.15 左右。同时，收集的雨水可以循环利用，公园可以作为应急水源地。不同 LID 设施的功能及特性指标见表 3.2。

3.2.3 关键建设技术

3.2.3.1 径流控制技术

年径流总量控制率是指通过自然和人工强化的渗透、集蓄、利用、蒸发、蒸腾等方式，场地内全年累计得到控制的雨量占全年总降雨量的比例。借鉴发达国家实践经验，一般情况下，绿地的年径流总量外排率为 15%～20%（相当于年雨量径流系数为 0.15～0.20），年径流总量控制率最佳为 80%～85%。

我国由于地域辽阔，各个地区的气候特征和土壤质地等天然条件和经济条件差异较大，因此其径流总量控制目标也不同。大陆地区年径流总量控制率大致分为五个区，各区年径流总量控制率 α 的最低和最高限值为：Ⅰ区（85%≤α≤90%）、Ⅱ区（80%≤α≤85%）、Ⅲ区（75%≤α≤85%）、Ⅳ区（70%≤α≤85%）、Ⅴ区（60%≤α≤85%）。

雨洪资源化的第一步是存储。海绵城市开发中的雨洪滞蓄设施种类较多，如雨水花园、蓄水湿地、湿塘、生物滞留池、调节塘以及广泛应用于居住小区、公共建筑的储水罐等。根据不同的年径流总量控制率，储水设施的规模和数量不同。

第二步是合理规划雨洪资源的利用途径。初期弃流后的降雨，经过净化设施去除携带的污染物，在雨水湿地、雨水花园和储水罐等蓄水设施中储存起来，用于生活（如：冲洗马桶）、消防、景观，以及浇灌绿地和冲洗汽车等，将极大地减少城市自来水用量，节约有效水资源。北京市提出的开发建设地块、道路、公共绿地的控制目标和具体指标见表 3.3。

表 3.2　　LID 设施及相应指标

单项设施	功能					控制目标			处置方式		经济性		污染物去除率（以 SS 计，%）	景观效果
	集蓄利用雨水	补充地下水	削减峰值流量	净化雨水	转输	径流总量	径流峰值	径流污染	分散	相对集中	建造费用	维护费用		
透水砖铺装	○	●	◎	◎	○	●	◎	◎	√	—	低	低	80～90	—
透水水泥混凝土	○	○	◎	◎	○	◎	◎	◎	√	—	高	中	80～90	—
透水沥青混凝土	○	○	◎	◎	○	◎	◎	◎	√	—	高	中	80～90	—
绿色屋顶	○	○	◎	◎	○	●	◎	◎	√	—	高	中	70～80	好
下沉式绿地	○	●	◎	◎	○	●	◎	◎	√	—	低	低	—	一般
简易型生物滞留设施	○	●	◎	◎	○	●	◎	◎	√	—	低	低	—	好
复杂型生物滞留设施	○	●	◎	●	○	●	◎	●	√	—	中	低	70～95	好
渗透塘	○	●	◎	◎	○	●	◎	◎	—	√	中	中	70～80	一般
渗井	○	●	◎	◎	○	●	◎	◎	√	√	低	低	—	—
湿塘	●	○	●	◎	○	●	●	◎	—	√	高	中	50～80	好
雨水湿地	●	○	●	●	○	●	●	●	√	√	高	中	50～80	好
蓄水池	●	○	◎	◎	○	●	◎	◎	—	√	高	中	80～90	—
雨水罐	●	○	◎	◎	○	●	◎	◎	√	—	低	低	80～90	—
调节塘	○	○	●	◎	○	○	●	◎	—	√	高	中	—	一般
调节池	○	○	●	○	○	○	●	○	—	√	高	中	—	—
转输型植草沟	◎	○	○	◎	●	◎	○	◎	√	—	低	低	35～90	一般
干式植草沟	○	●	○	◎	●	●	○	◎	√	—	低	低	35～90	好
湿式植草沟	○	○	○	●	●	○	○	●	√	—	中	低	—	好
渗管/渠	○	○	○	○	●	◎	○	◎	√	—	中	中	35～70	—
植被缓冲带	○	○	○	●	—	○	○	●	√	—	低	低	50～75	一般
初期雨水弃流设施	◎	○	○	●	—	◎	○	●	√	—	低	中	40～60	—
人工土壤渗滤	●	○	○	●	—	○	○	◎	—	√	高	中	75～95	好

注　●—强，◎—较强，○—弱或很小。

表 3.3　　北京市开发建设地块、道路、公共绿地的控制目标和具体指标

用地代码	地块类型	年均径流系数	年雨水综合利用率	不外排放控制雨量/mm
C6	教育科研（央企）	≤0.15	≥0.85	32
R	居住用地	≤0.22	≥0.78	25
	回迁房居住地	≤0.35	≥0.65	16
	其他居住用地	≤0.20	≥0.80	27
C2	商业金融用地	≤0.27	≥0.73	21

续表

用地代码	地块类型	年均径流系数	年雨水综合利用率	不外排放控制雨量/mm
F	多功能用地	≤0.22	≥0.78	25
	回迁及安置用地	≤0.35	≥0.65	16
	其他多功能用地	≤0.20	≥0.80	27
U	市政公用设施	≤0.30	≥0.70	19
C5	医疗卫生用地	≤0.18	≥0.82	29
			强制性	强制性

3.2.3.2 城市水系生态治理

建海绵城市强调必须把对象从水体本身扩展到水生态系统，通过生态途径，对水生态系统结构和功能进行调理，增强生态系统的整体服务功能，即通过跨尺度构建水生态基础设施（Hydro－ecological infrastructure），来系统、综合地解决问题，并充分发挥自然的自我调节和再生能力，包括区域性的城市防洪体系构建、生物多样性保护和栖息地修复、文化遗产网络和游憩网络构建等，也包括局域性的雨洪管理、水质净化、地下水补充、土地修复、生物栖息地的保育、公园绿地营造，以及城市微气候调节等。

第一，识别生态斑块。一般来说，城市周边的生态斑块按地貌特征可分为三类：第一类是森林草甸，第二类是河流、湖泊、湿地和水源涵养区，第三类是农田和原野。各斑块内的结构特征并非一定具有单一类型，大多呈混合交融的状态。按功能来划分可将其分为重要生物栖息地、珍稀动植物保护区、自然遗产及景观资源分布区、地质灾害风险识别区和水资源保护区等等。凡是对地表径流量产生重大影响的自然斑块和自然水系，均可纳入水资源生态斑块，对水文影响最大的斑块需要严加识别和保护。其主要生态斑块类型如图3.6所示。

第二，构建生态廊道。生态廊道起到对各生态斑块进行联系或区别的功能。通过分别对各斑块与廊道进行综合评价与优化，使分散的、破碎的斑块有机地联系在一起，成为更具规模和多样性的生物栖息地和水生态水资源涵养区，为生物迁移、水资源调节提供必要的通道与网络。

第三，划定全规划区的蓝线与绿线。规划区范围之内严格实施蓝线和绿线控制，保护重要的坑塘、湿地、园林等水生态敏感地区，维持涵养水源性能。同时，在城乡规划建设过程中，实现宽广的农村原野和紧凑的城市和谐并存，人与自然的和谐共处，这是实现可持续发展重要的、甚至是唯一的手段。

第四，水生态环境的修复。这种修复立足于净化原有的水体，通过截污、底泥疏浚构建人工湿地、生态护岸和培育水生物种等技术手段，提升原有水质，如：将劣五类水提升到具有一定自净能力的四类水水平，或将四类水提升到三类水水平。

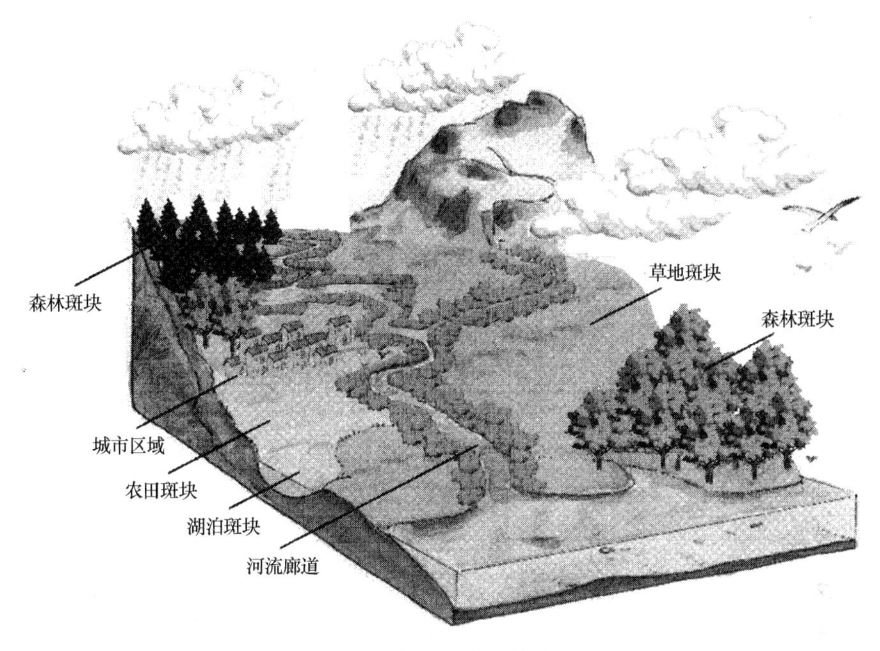

图 3.6 主要生态斑块类型

第五，建设人工湿地。湿地是城市之肾，保护自然湿地，因地制宜建设人工湿地，对于维护城市生态环境具有重要意义。以杭州的西溪湿地为例，原来当地农民养了3万多头猪，并把猪粪作为肥料直接排到湿地里去，以增加湿地水藻培养的营养度来增加鱼的产量，造成了水体严重污染。后来重新规划设计为湿地景区，养猪场变成了充满自然野趣的休闲胜地，更重要的是，出水口水体的COD浓度只有进水的浓度的一半，起到了非常好的调节削污作用。整个湿地像一个大地之肾，把水里的营养素留下来，滋养当地的水生植物和鱼类，虽然鱼的产量可能会下降，但品质得到了提升，生态鱼比市场上的普通鱼价格提高了一倍。

3.2.3.3 城市绿地网络构建

目前，在绿地设计时大多重视景观、降噪吸尘和社会功能，往往忽略了减灾功能，比如缓解雨季内涝、防治水污染等问题，造成城市绿地利用率低以及空间形式单一。大面积的城市绿地作为良好的“海绵体”，具有雨水入渗、储存、调节、转输和截污净化等作用。近年来，我国的水污染、土壤污染和大气污染等问题突出，我国南方许多城市发生了严重的洪涝灾害，严重影响了人们的生活质量和居住环境。因此，可以将城市绿地、雨洪设施和景观工程结合起来，进行绿地系统规划和空间格局打造，从根本上解决城市雨水径流污染问题，从源头上解决城市内涝问题，并改善城市微环境。

城市绿地空间格局（包括绿地的数量、组成、分布和与周边的联系等）是否合理决定城市绿地生态服务功能的发挥。因此，在城市绿地规划时应注意各类城市绿地的合理布局、相互紧密连通以及城市内外有机结合，打造一个完整的有活力的绿色空间网络，实现生态、社会和经济效益最大化。下面主要从不同的尺度进行城市绿色空间格局规划。

(1) 城市绿地网络构建。

城市绿地网络主要针对城市区域，结合城市各类绿地资源以及自然特征，以点、线和面绿色空间结构形式进行绿色生态基础设施网络，协调备用地需求，充分发挥绿地生态防护、雨洪管理等功能，构建完整的城市生态防护屏障。

城市绿地网络主要由生态节点、绿色廊道和绿色斑块组成的网络结构。生态节点，是指具有某些特征的集中点，比如城市公园、街头绿地、游憩区和居民区等。“点”状空间是城市绿地系统的重要组分。廊道，作为绿地网络的骨架，连接各个点状绿地和开放空间，承载着包括人们休闲、运动和娱乐等重要活动的线性场所。绿色廊道具有较好的生态功能，其形式多样化，包括滨河绿带、绿道、线性公园和公路等城市线性空间。绿色斑块是指面积较大的以及呈较大组团状的绿色空间，例如森林公园、大型主题公园等。

(2) 基于低影响开发理念的绿地系统规划。

基于低影响开发理念的绿地系统规划，主要目标是在规划时将雨水管理融入绿地建设当中，重视居住小区等小尺度的绿地规划建设，并将绿地、水系和城市市政管网有效地关联成一个有机整体，更好地对水资源进行疏导流通，从源头上消除城市内部洪涝灾害的隐患和控制径流污染。

以居住小区为例，传统的城市居住小区强调土地集中利用，楼层低，地表多为硬化铺装，土地缺乏弹性空间，土地利用效率较低，也不利于居民的出行。现在提倡紧凑型混合用地，节约利用土地，优化各用地的空间组合，处理好建筑与开放空间的关系。具体的是将城市建筑拔高，集约出更多的空间来增加海绵细胞体，增加城市绿地，让城市居民享有更多的绿地空间和滨水景观，更加美丽宜居。居住小区与外部需要相互连通，主要采用“海绵细胞模式”，每个海绵细胞由社区以及社区内的蓄水湿地、雨水花园等蓄水设施组成，并通过沿街带状绿地以及沿河绿地最终汇入河道。例如，降雨过程中，地表径流首先汇入蓄水湿地、生物滞留池、雨水花园和路边植草沟等，减少入河的地表径流量，削减洪峰，并推迟峰现时间；同时蓄滞下渗的雨水成为宝贵的水资源，以备利用。传统绿地系统与海绵城市绿地系统对比如图 3.7 所示。

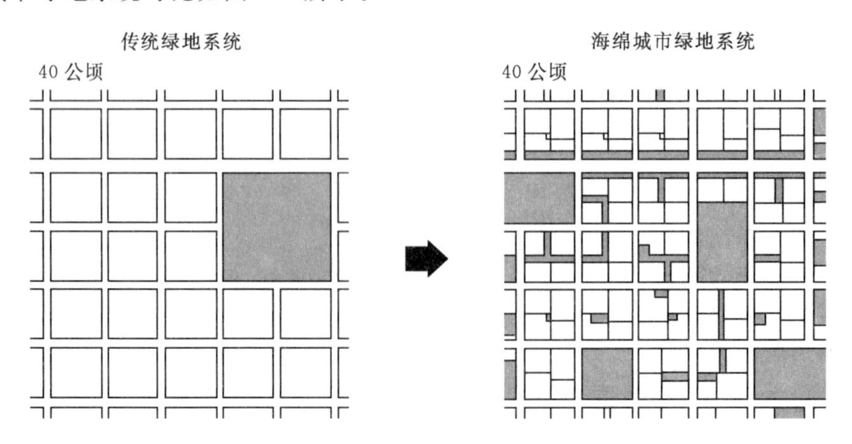

图 3.7 传统绿地系统与海绵城市绿地系统建设模式对比

3.2.3.4　城市雨水管理系统设计

海绵城市雨水管理系统设计综合采用生态学以及工程学方法，针对雨水排放、雨水收集利用、雨水渗透处理和雨水调蓄等问题采取一系列低影响开发措施，以求实现城市防洪减灾，维护区域生态环境的目的。

（1）城市雨水管理系统设计理论依据。

根据“可持续城市排水系统理论”“低影响开发模式理论”“水敏感性城市设计理论”和“城市出设施共享理论”等基于径流源头治理的生态基础设施理论研究，可知这些理论强调雨水基础设施的分散化、源头处理、非共享、减量化、资源化和本地化等特征。基于上文分析的雨水基础设施规划现状问题，应结合径流源头治理的生态基础设施理论，在城市宏观层面提出“源头减排，过程转输，末端调蓄”的规划治理思路，在城市微观层面提出“集、输、渗、蓄、净”的设计治理手段。

（2）宏观层面上的城市雨水管理系统设计。

依据“源头减排，过程转输，末端调蓄”的规划治理思路，结合城市绿地系统规划，将宏观层面上的城市雨水管理系统设计分为多级控制阻滞系统（居住区级雨水花园、小区级雨水花园游园和居住绿地级雨水花园）、滞留转输系统（下沉式道路绿地、植草沟和渗管、渠渗透）和调蓄净化系统（城市综合公园和湿地公园），主要是将居住区公园、小区游园和居住绿地分级进行径流总量控制规划，外溢的雨水径流通过线状的下沉式道路绿地（植草沟）和渗管/渠渗透并输送至市区级的综合公园。综合公园由下凹式绿地、雨水花园和透水铺装等滞留渗透系统，湿塘、雨水湿地、调节塘和容量较大的湖泊等受纳调蓄设施组成。城市综合公园应通过自然水体、行泄通道和深层隧道等超标雨水径流排放系统连通，将超标雨水通过该系统排至城市外。在城市下游，结合城市污水处理厂的中水排放设置湿地公园，丰富城市景观的同时起到水质净化和削减洪峰的作用。该系统主要涉及小区雨水综合利用、公共区域雨水利用、河道及砂石坑雨水利用、基于精细化高效管理的雨水利用四种利用模式。

1）小区雨水综合利用模式。

小区雨水综合利用模式指依据小区内建筑、绿地和硬化地面的特点，采取适宜的入渗地下、收集回用或调控排放等措施进行雨水综合利用（图 3.8）。主要在相对封闭的各类小区内部实施，雨水利用工程以小区业主、开发商、所有者或管理者为主，投资建设控制范围较小，按 hm^2 计，单位控制面积投资较大，适用范围为居民小区、机关大院、校园、商务小区、工厂区等。其治理后效果为：$1hm^2$ 小区，年均雨水综合利用量 2000～$3000m^3$，其中入渗补给地下水 1500～$2500m^3$。

2）公共区域雨水利用模式。

主要包括对公共绿地（含公园）、城市道路、广场开展的滞蓄下渗、集蓄利用或调控排放等设施或其组合（图 3.9）。其特点是在公共区域滞蓄、下渗或回用雨洪水，以政府投资建设为主，其控制范围较大，面积按 km^2 计，单位控制面积投资较小，适用范围为公园绿地、城市道路、广场。其治理后的效果为：$1km^2$ 控制区域，年均年雨水综合利用量 30 万～50 万 m^3。可以有效减轻控制区域的滞涝威胁，提高区域防洪能力。

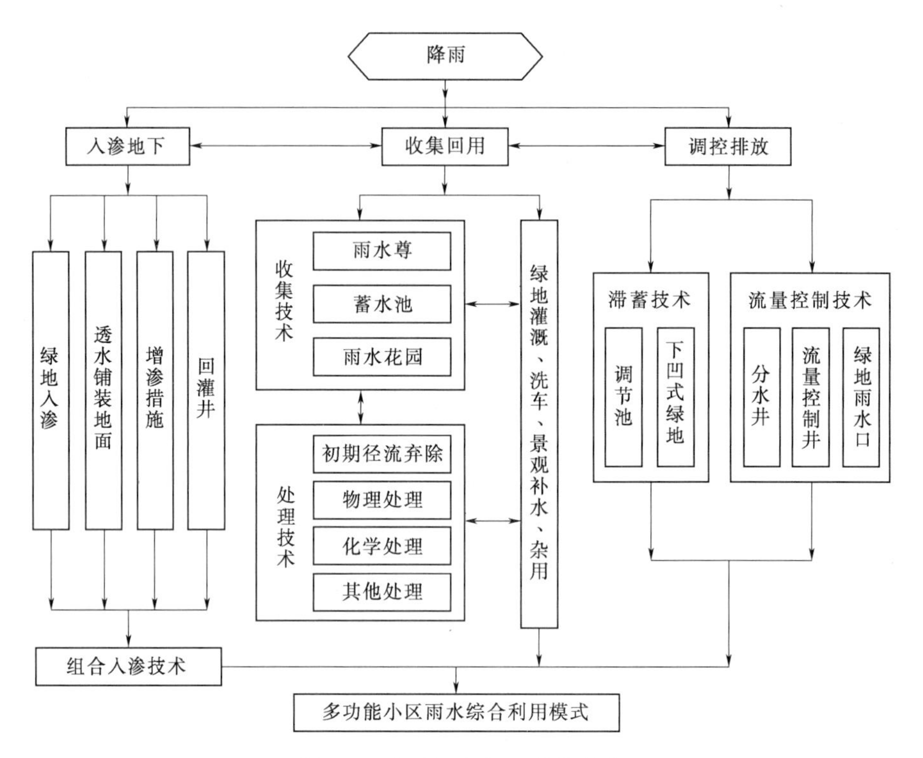

图3.8 小区雨水综合利用模式

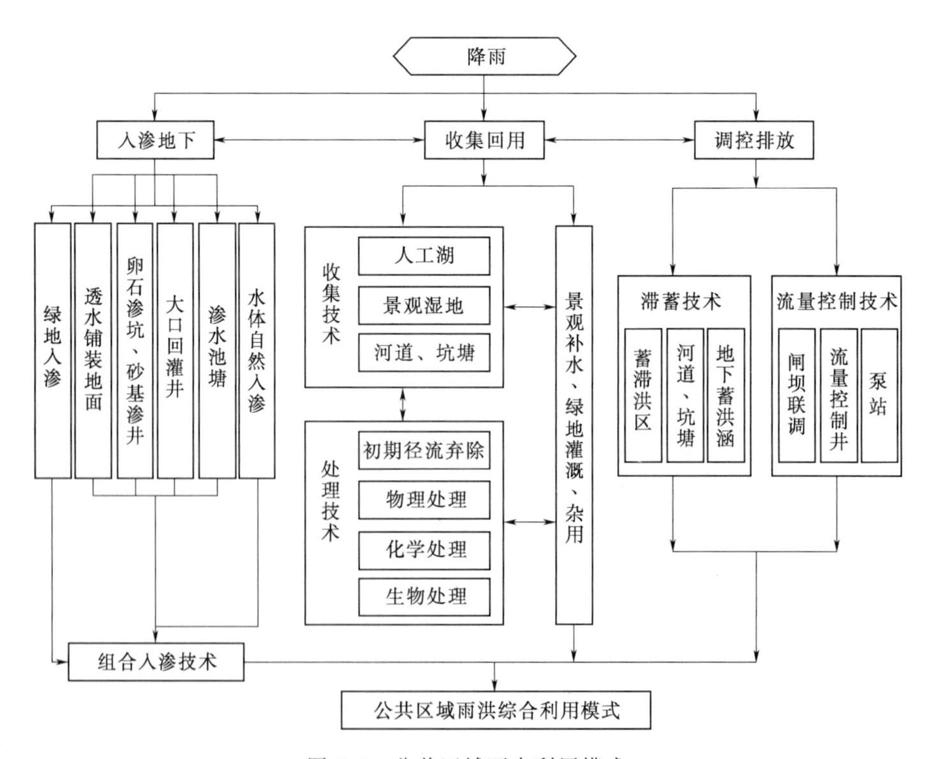

图3.9 公共区域雨水利用模式

3）河道及砂石坑雨水利用模式。

河道及砂石坑雨水利用模式，指在季节性河道、砂石坑等建设滞蓄下渗、集蓄利用或调控排放等设施或其组合进行雨洪水综合利用（图 3.10）。其特点是利用河道本身或设施坑滞蓄、下渗或回用雨洪水，其控制范围较大，面积按 km^2，单位控制面积投资较小，以政府为主投资建设。其适用范围为季节性河道，通过联合调蓄雨洪、入渗雨洪、利用雨洪，砂石坑可有效减轻控制区域的滞涝威胁，提高防洪能力。

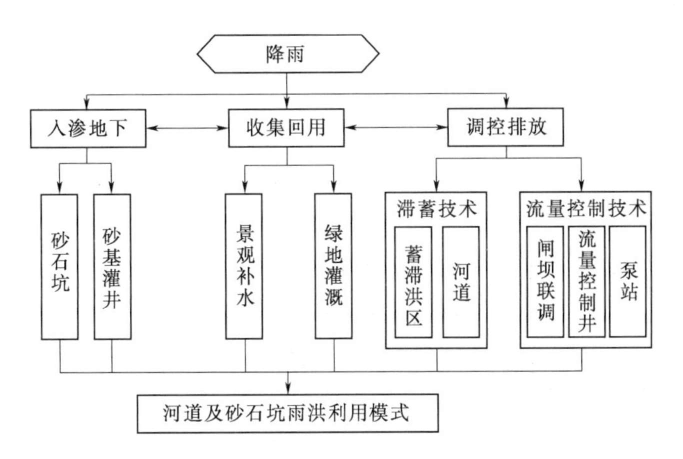

图 3.10 河道及砂石坑雨水利用模式

4）基于精细化高效管理的雨水利用模式。

基于精细化高效管理的雨水利用模式，指通过建立城市雨水系统的数字化整体模拟系统，通过智能化的管理，入渗、回用或调控排放城区的雨水（图 3.11）。其特点为利用现代化的预报技术、信息技术、模拟技术、监控技术等进行雨洪管理，主要由政府投资建设，有充足时间提前进行雨洪管理利用的准备，其适用范围为具有数字地图、管网资料的高度城市化区域。主要效果：提前对城市雨水系统进行诊断，以便通过工程措施改造和完善雨水系统；提前获得降雨过程及分布信息，提前预报积滞水点，并及时采取应对措施；通过寻求最佳调度点进行实时调控，做到安全行洪、适当下泄、高效利用城市雨洪。

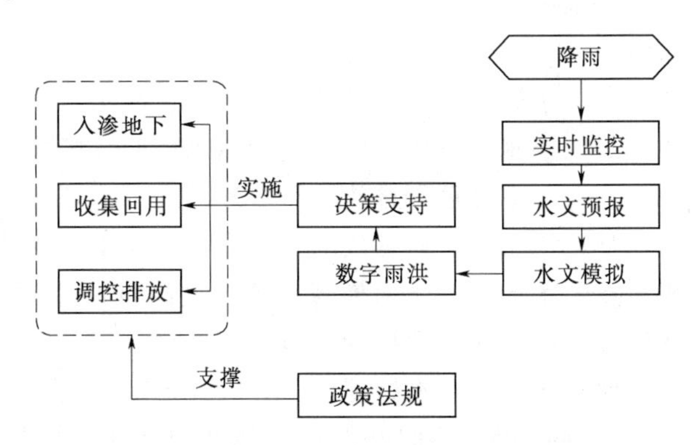

图 3.11 基于精细化高效管理的雨水利用模式

(3) 微观层面上的城市雨水管理系统设计。

依据“集、输、渗、蓄、净”的设计治理手段，结合雨水链设计理念，可以设计构建从工程化硬质到生态化软质的一系列雨水管理景观设施，包括：“集流技术”——绿色屋顶和雨水罐；“转输技术”——植草沟和渗管或渠；“渗透技术”——透水铺装、雨水花园、渗井；“储蓄技术”——蓄水池、湿塘、雨水湿地；“净化技术”——植被缓冲带、初期雨水弃流设施、人工土壤渗滤。在建筑与小区用地中，从“集流技术”到“净化技术”设施的空间布局应该由建筑屋顶、靠近建筑，再远离建筑，依次分布。

3.2.3.5 *治污截污及雨污分流*

(1) 治污截污。

“源头削减”是保护水体环境的重要措施，也是建设海绵城市的必要手段之一。针对城市点污染源，主要是污水排放口，应完善城市污水管网系统，尤其是截污干管的建设，并确保生活污水及工业废水全部接入污水管网，避免“直排”。雨水径流是城市主要的面污染源，同时，也是造成水体污染的主要诱因。针对雨水径流，可利用植物、土壤和生物等自然元素构成的低影响开发设施对其进行处理，如绿色屋顶、透水铺装、生物滞留池、植草沟、湿塘、景观水体、雨水湿地和下沉式绿地等。因此，在城市中需建造一个“点、线、面”衔接贯通的雨水处理网络系统。

(2) 雨污分流。

雨水一方面会对水体造成污染，降低城市水环境质量，另一方面雨水还是城市宝贵的水资源。海绵城市建设以雨洪为资源，但初期降雨形成的径流，会携带来自地面及空气中的大量污染物，一方面会造成受纳水体的污染，另一方面会增加雨水回收利用的处理难度和处理负荷，尤其是路面径流。而相对于初期降雨而言，中后期雨水水质较好。因此，经济有效的方法就是对初期雨水进行弃流，弃流雨水同污水一同进入污水处理厂处理后排放，中后期雨水经湿地等处理后排入水体或回收利用，即雨污分流。受工程投资以及空间限制，老城区很难改造成雨污分流制排水系统，因此，雨污分流技术更加适用于城市新建地区。

初期雨水弃流设施是重要的雨污分流设施，它可以将初期雨水截留，降低低影响开发设施对雨水的处理负荷。初期雨水弃流设施一般适用于屋面雨水的雨落管、径流雨水的集中入口等低影响开发设施的前端。

(3) 污水处理厂设计。

污水处理厂将收集到的污水进行统一处理后，若无其他回用要求通常将达标水质直接排放。当污水处理厂大量排放尾水至自然水体时，受纳水体的环境承载能力及水体生态环境将受到很大挑战。因此，对污水处理厂排放的污水进行进一步处理，使之不直接进入自然水体，可以有效减少水环境压力。一种有效的解决方法就是使污水处理厂的尾水流经人工湿地系统加以过滤再排放至水体，可大幅提高水质（最高可达Ⅱ～Ⅴ类水），尤其对氨和磷的去除起到很好的效果，使水体污染物变为植被营养物。

目前，污水处理厂主要有集中式污水处理厂和分散式污水处理厂两种。这两种处理厂存在其各自的优点和缺点，并适用于不同开发建设强度的地区。相对于集中式污水处理厂，分散式污水处理厂更加灵活且针对性强，能对不同的水质进行专门处理，更重要的一点是，分散式污水处理厂占地面积小，基建和运行投资均较小。这意味着对于分散式污水处理厂，我们只需修建小规模的绿地对尾水进行过滤消纳即可保证水质，而集中式污水处理厂则需要大面积的绿地过滤尾水，才能达到一定的水质标准，排入自然水体。基于目前城市的发展状况，污水产生量巨大，土地资源紧张，建设大面积的湿地系统有一定的困难(尤其是对建成度高的城市)。因此，“化整为零”地建设分散式污水处理厂，在保证水处理能力及尾水排放水质的基础上，更有利于土地资源的合理利用。

分散式污水处理厂污水处理规模不大，但可生化性好，通常采用小型污水处理装置进行处理，其常用处理工艺包括厌氧生物处理、好氧生物处理和自然生物处理等。在海绵城市的设计中，我们采用湿地系统进行处理尾水的再净化。分散式污水处理厂出水后连接的湿地尾水处理系统即为我们所提出的“海绵体”，它承担了海绵城市的“蓄水和净水”功能。处理厂将尾水排入湿地系统后，经过植物、微生物与土壤的过滤和沉淀，水质进一步被提升，达到更高的排放标准，然后排入自然水体，降低受纳水环境的消纳压力。

厦门大学污水处理及再生水工程充分体现了分散式污水处理与景观绿地相结合的优越性。之前厦门大学的污水除部分通过化工厂旁的市政污水泵站排放外，大量污水仍流入西大门排洪沟，再排入大海，造成海滨污染，学校每年必须为此支付超标排污费近200万元。2012年8月，厦门大学投资1390万元建设污水处理站，该工程日处理污水约3000t。处理后达标的再生水被送入校园现有的建筑中水管网，并全部回用于校区洁厕、冲洒道路、园林绿化以及芙蓉河和化学湖补水，每年不仅可为学校节省大量的开支，而且将实现学校污水零排放的目标，极大改善学校排污条件及周边水环境，创造可观的经济、社会和环境效益，同时也实现了净水还河和净水还湖。

3.2.3.6 水土流失治理

随着我国城市化的快速发展，各类建设项目不断增多，如房地产开发、道路建设及水电等工程，都会造成水土流失。在建设中，原有的地形地貌遭到破坏，一些建设活动导致表土松动，并产生大量的废气废渣，严重影响了城市居民的生活环境质量。海绵城市的提出为城市水土保持工作提供了新的思路，即水土保持应尽量和海绵城市中的雨水控制管理理念有效结合起来，通过低影响开发技术，减少地表径流，有效控制水土流失。

(1) 工程建设中水土流失的成因及其影响因素。

总体来说，水土流失的成因可分为自然原因和人为原因两部分。①自然因素：包括降水、地表径流冲刷、风力侵蚀、植被稀疏和土质疏松等。在工程建设中，自然因素是产生水土流失的先决条件。海绵城市建设能够有效地从源头上控制径流量，增加雨水下渗，减少水土流失。②人为因素：包括场地平整，土方开挖回填等。人类活动加剧了水土流失的发展，加大了水土流失的强度。简而言之，工程建设中的水土流失是由自然因素和人为因素所共同作用的结果。

(2) 工程建设中水土流失的防治原则。

①因地制宜，因害设防。应基于特定的环境、场地、施工方法和可能发生的灾害等采用相应的保护措施，一定要有合理性以及可操作性，切忌生搬硬套。②生态优先，方便经济。在建筑材料的选择方面，以就地取材、重复利用、生态经济为指导原则，选用合理的、生态经济的建筑材料。③适宜当地环境，便于后期管理。一些临时用地如施工便道

等，在其工程阶段结束之后除另有要求外，应恢复成原有土地利用类型。

（3）工程建设中水土流失的控制。

1）前期分析及预测：在工程建设实施前期，对因工程建设所引起的水土流失的流失量进行科学合理的分析及预测是制定施工现场水土保持方案的重要参考依据。前期分析时应注意具体问题具体分析，对于特定的工程建设，首先应充分了解其项目类型，地质水文情况以及水土流失的现状、成因和特点等。其次选用合适的测定方法进行测定，目前常用的用以评估和预测工程建设产生的土壤侵蚀的方法有：实地测量法、数学模型法、经验法和通用土壤侵蚀方程（USLE）等。

2）工程建设中水土流失防治的一般性措施：水土流失的防治措施主要采用植物护坡技术，将植物与土壤有效地融合起来成为一个具有渗、储、调和净等功能的海绵体。措施的选择应该因地制宜，同时应考虑实施的可行性、经济效益和景观效果。具体主要包括以下几方面：

a. 建筑及周边区域。该区域重点通过雨水收集、存储和下渗有效控制场地内的雨水径流洪峰，防止对土壤的冲刷造成的水土流失，并减轻雨水管网的压力。具体措施有雨水花园、植草沟和雨水湿地等。

b. 城市道路。道路两侧绿化带应设计成下凹式，摆脱原来道路高出周围绿化带的模式。下凹式绿化带能有效地吸纳和净化雨水，并结合雨水口和连接管排入到市政管网中。其中，选择的植物应具备抗旱、耐湿、根系发达、净化能力强及景观效果好等特点。

c. 河流、水库等生态敏感区。在河流、水库以及水源地等地区水土保持极为重要。以湖北十堰市泗河茅箭区为例，河岸采用生态护坡的方法，防止水土流失和径流污染。植物的选择因地制宜，以本地物种、耐水湿、净化能力强以及便于维护为主，种植模式主要采用乔木—灌木—草本—湿地植物。

d. 山体。根据不同的地区、坡度以及敏感性选择适宜的生态护坡方式。例如，坡度大于35°的区域属于敏感区域。主要采用生态护坡方法和喷浆、生态袋及石笼等工程做法相结合；坡度15°～35°的区域，利用植被结合梯田或置石等景观做法进行综合性护坡；坡度5°～15°，属于局部小面积水土流失区域，可采用生态砖、木护坡等自然材料的边坡防护措施；在坡度小于5°的区域，应该加强道路两边的边坡绿化，修建生态雨水汇水沟、边沟截水沟及急流槽等，减轻径流对边坡冲刷。此外，护坡植物的选择主要以乡土植物和地带性植物为主，同时要考虑深根和浅根植物的合理搭配，乔灌草的有效结合，以及功能防护和景观视觉的结合。

单元3.3 中观尺度海绵城市建设管理技术

【单元导航】

问题1：中观尺度海绵城市建设需要从哪些方面进行管理？

问题2：不同部门如何对中观尺度海绵城市建设进行协调管理？

【单元解析】

海绵城市的管理技术不仅要应用到后期的设施维护及管理，更要与整个海绵城市建设系统相匹配，融入到各个阶段及各分项过程中。根据不同纬度特征、不同地域特征、不同气候特征、不同城市下垫面特征、不同城市人口结构特征以及不同城市发展特征等，都应以科学合理的管理分析为基础，指导各个阶段的设计与施工，便于海绵城市建设的有序进行。

3.3.1　城市规划中的管理技术

城市总体规划设计与海绵城市开发互相指导、彼此贯通。在总体规划设计中应采用海绵城市的创新理念，将低影响开发融入到总体规划设计中去，保护好生态敏感区域，做到城市科学合理有序开发。

首先是采用生态优先的多规合一规划管理模式。在各个专项规划中，如国民经济和社会发展规划、土地利用规划、水系统规划、绿地系统规划、城市设计规划、城市旅游发展规划和环境生态保护相关规划等，全面导入低影响开发理念，从空间、经济及生态等多个维度保障海绵城市理念和技术的渗透和实施，从而为海绵城市的管理提供顶层设计的有力支撑。

其次是有序制定分期开发管理计划。根据城市发展进程的不同和低影响开发的周期规律，分期分批次合理开发建设，分区域和分等级，最终形成一个城市多片区多节点网状式布局，解决城市发展过程中所遇到的各项问题。通过概念规划设计可以模拟出未来城市发展的空间格局，反馈到城市总体规划设计中去，针对城市总体规划进行合理分析及调整，然后对水系统专项规划、城市绿地系统专项规划、城市排洪防涝综合系统专项规划和城市道路交通专项规划等进行完善。通过控制性详细规划确定出各专项控制指标，通过修建性详细规划确定出约束条例，最终完善城市的发展布局，运用管理技术实现城市和谐有序的发展。

3.3.2　工程设计中的管理技术

应以城市低影响开发理念为指导，制定出一整套设计程序。在专项设计中，建设用地、竖向、绿地、道路、市政和水系等要相互协调设计，根据总的控制目标制定相应的专项规划目标。因此，各项系统之间的协调至关重要，需要科学有序的管理来引导，这是形成一个系统的关键。

3.3.3　工程建设中的管理技术

在实际的工程建设中，需要根据不同的因素来采取不同的建设技术手段，以达到既定的控制目标。在城市建设初期，要对相关图纸进行严格审核，整体把控项目工程规模、竖向处理、透水铺装材料的选取及比例、下凹式绿地比例以及空间平面布局的合理性等，通过综合评估与指导，制定工程建设中的相应管理技术。

3.3.4　设施维护中的管理技术

由于海绵城市开发涉及多个管理部门，在后期设施维护管理阶段，必须形成一套完整的管理模式，以保证低影响开发设施的正常运行，延长设施的使用期限。首先，市政公共项目应该由政府部门指派相应管理机构进行统筹管理，根据不同项目类型将低影响开发设施进行归类梳理，由相应归属方进行管理和后期维护运营，在末端与市政公共体系相对接，形成一整套完整体系；其次，分级分层，责任到人，并对相应管理人员进行统一培训，合格上岗，以便对设施进行科学的维护管理，保障设施正常运转，安全有效运行；最后，建立设施数据库，使相应设施与数字信息数据库相连通，加强数字监管。同时，应加强社会宣传，提高公众对海绵城市的认知度。

单元 3.4 中观尺度海绵城市建设技术——以北京市为例

【单元导航】

问题 1：北京市自然条件和社会发展之间的矛盾是什么？

问题 2：北京市在海绵城市建设方面经历了哪些探索过程？

问题 3：北京市海绵城市建设相关的对策措施有哪些？

【单元解析】

3.4.1 项目区自然社会条件

3.4.1.1 位置境域

北京市地处华北大平原北端，毗邻渤海湾，上靠辽东半岛，下临山东半岛。位于太行山山脉、燕山山脉与华北平原的交接地带，依山面海。北京位于东经 115.7°～117.4°，北纬 39.4°～41.6°，中心位于北纬 39°54′20″，东经 116°25′29″，总面积 16410.54km²。从地理位置来说，北京南接华北大平原、西临黄土高原、北邻内蒙古高原，正处于中国三级地势阶梯的交接处。北京与天津相邻，并与天津一起被河北省环绕。由于北京西部是太行山山脉余脉的西山，北部是燕山山脉的军都山，两山在南口关沟相交，形成一个向东南展开的半圆形大山弯，人们称之为“北京湾”（图 3.12），它所围绕的小平原即为北京小平原。

图 3.12 北京湾示意图

3.4.1.2 地形地貌

北京的西、北和东北，群山环绕，东南是缓缓向渤海倾斜的北京平原。北京平原的海拔高为 20～60m，山地一般海拔 1000～1500m，与河北交界的东灵山海拔 2309m，为北京市最高峰。北京市山区面积 10200km²，约占总面积的 62%，平原区面积为 6200km²，约占总面积的 38%。北京市平均海拔 43.5m，地势是西北高、东南低。

3.4.1.3 气候环境

北京的气候为典型的北温带半湿润大陆性季风气候，夏季高温多雨，冬季寒冷干燥，春、秋短促。全年无霜期 180～200d，西部山区较短。2007 年平均降雨量 483.9mm，为华北地区降雨最多的地区之一。降水季节分配很不均匀，全年降水的 80%集中在夏季 6、7、8 三个月，7、8 月有大雨。北京太阳辐射量全年平均为 112～136 千卡/cm。年平均日照时数在 2000～2800h。夏季正当雨季，日照时数减少，月日照在 230h 左右；秋季日照时数虽没有春季多，但比夏季要多，月日照 230～245h；冬季是一年中日照时数最少季节，月日照不足 200h，一般在 170～190h。

3.4.1.4 河流水系

北京没有天然湖泊，有水库 85 座，其中大型水库有密云水库、官厅水库、怀柔水库、海子水库。北京天然河道自西向东贯穿五大水系：永定河水系、潮白河水系、北运河水系、拒马河水系和蓟运河水系。多由西北部山地发源，向东南蜿蜒流经平原地区，最后分别在海河汇入渤海（蓟运河除外）。

（1）永定河。

永定河斜贯北京西南部，是最大的过境河流。流经门头沟区、石景山区、丰台区、房山区、大兴区。沿河名胜古迹有卢沟桥、珍珠湖、金门闸等。

（2）潮白河。

潮白河是北京地区的第二条大河，其上游分为潮河、白河两支流。两河在密云县的河槽村附近汇合以后，始称潮白河。

（3）北运河。

北运河流经北京北部和东部地区。其上游为温榆河，至通县与通惠河相汇合后始称北运河。是北京最主要的排水河道。

（4）拒马河。

拒马河流经房山区境内，流经十渡风景区等。

（5）蓟运河水系（又称泃河水系）。

蓟运河水系是北京市流域面积最小的水系，有金海湖风景区。

3.4.1.5　动植物资源

（1）植物资源。

北京市地带性植被类型是暖温带落叶阔叶林并兼有温性针叶林的分布。海拔 800m 以下的低山带表性的植被类型是栓皮栎林、栎林、油松林和侧柏林。海拔 800m 以上的中山，森林覆盖率增大，其下部以辽东栎林为主，海拔 1000～1800m，桦树增多，在森林群落破坏严重的地段，为二色胡枝子、榛属、绣线菊属占优势的灌丛。海拔 1800m 以上的山顶生长着山地杂类草草甸。

大部分平原地区已成为农田和城镇，只在河岸两旁局部洼地发育着以芦苇、香蒲、慈姑等为主的洼生植被，但多数洼地已被开辟为鱼塘，在搁荒地及田埂、路旁多杂草；湖泊，水塘中发育着沉水和浮叶的水生植被。

（2）动物资源。

北京地区的动物区系有属于蒙新区东部草原、长白山地、松辽平原的区系成分，也有东洋界季风区、长江南北的动物区系成分，故北京的动物区系有由古北界向东洋界过渡的动物区系特征。截至 2009 年，此动物区系中有兽类约 40 种，鸟类约 220 种，爬行动物 16 种，两栖动物 7 种，鱼类 60 种。

3.4.2　项目区社会经济条件

3.4.2.1　行政区划

北京辖东城区、西城区、朝阳区、丰台区、石景山区、海淀区、顺义区、通州区、大兴区、房山区、门头沟区、昌平区、平谷区、密云区、怀柔区、延庆区 16 个区，共 147 个街道、38 个乡和 144 个镇。

3.4.2.2　人口

2015 年北京市常住人口 2170.5 万人，比 2014 年末增加 18.9 万人。其中，常住外来人口 822.6 万人，占常住人口的比重为 37.9％。常住人口中，城镇人口 1877.7 万人，占常住人口的比重为86.5%。常住人口出生率7.96‰，死亡率4.95‰，自然增长率3.01‰。常住人口密度1323人/km²，比2014年末增加12人。2015年末北京市户籍人口1345.2万人，比2014年末增加11.8万人。

3.4.2.3 经济

2015年北京实现地区生产总值22968.6亿元，比2014年增长6.9%。其中，第一产业增加值140.2亿元，下降9.6%；第二产业增加值4526.4亿元，增长3.3%；第三产业增加值18302亿元，增长8.1%。按常住人口计算，北京市人均地区生产总值达到106284元（按年平均汇率折合17064美元）。分产业看，第一产业增加值129.6亿元，下降8.8%；第二产业增加值4774.4亿元，增长5.6%；第三产业增加值19995.3亿元，增长7.1%。2017年，北京市连续三年位居中国百强城市排行榜榜首。

3.4.2.4 经济发展模式

"十二五"以来，北京在淘汰转移落后产能、培育高科技产业、大力发展服务业等方面走在全国前列，第三产业占比高居全国榜首，北京经济发展方向与全国经济转型升级模式高度吻合。"十三五"时期北京将进一步强化自身总部经济、服务经济、科技经济和绿色经济的发展定位，紧紧抓住首都非核心功能疏解、京津冀协同化发展等地域互补、区域协同的发挥机遇，开启精准化、高端化、首都化的发展模式，通过提质增效，不断提升首都北京的城市竞争力和幸福指数。但是，北京经济的特殊功能定位和实体行业相对弱化的产业布局，也使首都经济发展面临新的挑战和制约因素。

3.4.3 北京市探索海绵城市建设历程

3.4.3.1 北京市雨水利用发展阶段

北京市对城市雨水问题的技术研究和实践大体经历了雨水直排、排用结合、系统管理三个过程（图3.13）。作为我国内地最早开展城市雨水利用研究与应用的城市，其城市雨水"排用结合"的发展历程大体经历了探索（1989—2000年）、研究与示范（2000—2005年）、技术集成与初步推广（2006—2012年）和全面强化推广（2012年至今）四个阶段。目前的发展阶段主要是完善相关政策措施，进一步加强城市雨水利用的强制性，从全市的角度，全面深入推进城市雨水利用。

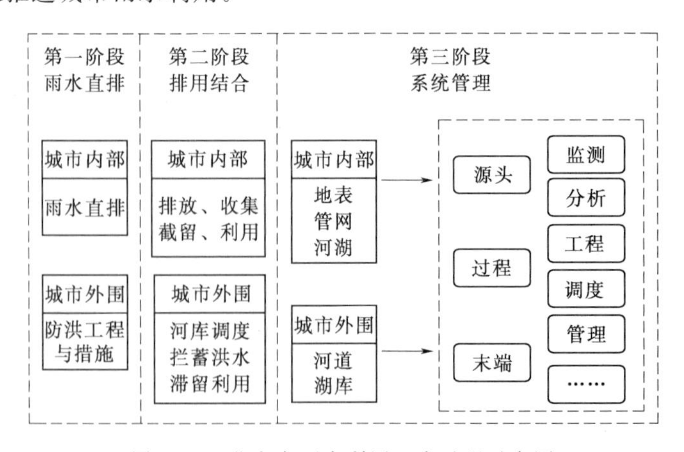

图3.13 北京市雨水利用三个过程示意图

（1）探索阶段（1989—2000 年）。

在 2000 年以前，北京城市雨水采用直接排放的模式进行管理，建设了由社区雨水管网、市政雨水管网和排水河道组成的城市雨水排放体系。在 20 世纪 90 年代初，由于缺水形势严峻，北京市开展了国家自然基金项目“北京市水资源开发利用的关键问题之一——雨洪利用研究”，第一次提出了城市雨洪利用的概念。由于各种条件限制，当时只做了研究，没有进行示范应用。

（2）研究与示范阶段（2000—2005 年）。

2000 年开始在中德国际合作项目暨北京市重大科技专项的支持下开展了“北京城市雨洪控制与利用技术研究与示范”项目的研究，并在中德合作项目资助下开展了 6 个不同雨水利用示范工程建设，共建设 5 种模式、6 个不同雨洪利用工程示范小区和 1 个雨洪利用中心试验场，工程建设总面积 $60hm^2$，建设蓄水池 $2228m^3$，年节水 18.49 万 m^3，初步形成了适合北京的雨水利用技术体系。2001 年北京建筑工程学院开展了“北京市城区雨水利用技术研究及雨水渗透扩大试验”。同年，中国农业大学开展了“北京市城市建设中增加雨水蓄渗措施研究”。由此，北京市的城市雨洪管理进入了“排用结合”阶段。

（3）技术集成示范与初步推广阶段（2006—2012 年）。

2006—2012 年开展了 2 个“十一五”国家科技支撑计划课题和 1 个水利部公益性行业专项的研究，构建了小区、河道、城乡联调等不同层面的雨水利用技术体系，并在奥运工程和北京城市建设中推广应用了雨水利用技术，建成了雨水利用示范基地。

以上各阶段，北京市开展了多种雨水利用工程建设，其主要建设工程如表 3.4 所示。

表 3.4 北京市雨水利用工程概况

年份	简 介	工程数量
2004	全市共推广建设 38 处示范工程，总汇水面积 $745hm^2$，年节水量约 92 万 m^3	38
2005	建成雨水利用工程 53 项，年综合利用雨水 99 万 m^3。此外，还在凉水河、通惠河、潮白河上建成了三处重点雨洪利用工程，工程总滞蓄能力为 1966.3 万 m^3	53
2006	全市共建雨水利用工程 103 处，总雨水利用量达 2058.3 万 m^3	103
2007	共建设雨水利用项目 480 余项，总的汇水面积达到 3100 万 m^2，铺装透水砖 90 万 m^2，建设下凹式绿地 140 万 m^2，年综合利用雨水量达到 2888.3 万 m^3	480
2010	北京地区雨水利用工程建设数量达到 688 项，已建成的雨水收集池及景观水体的蓄水能力达到 303 万 m^3/年，共建设透水铺装 315 万 m^2，下凹式绿地面积达到 280 万 m^2，全市每年的综合雨水利用量达到 4206.3 万 m^3	688
2012	城镇共建设雨水利用工程 808 处，年综合利用雨水量 5706.3 万 m^3	808

（4）全面强化推广阶段（2012 年至今）

完善政策、加强推广和全面管理雨水阶段。“十二五”之后，从全市的角度，进行雨水利用统一规划，规范雨水利用相关政策和建设流程，将雨水利用变为强制性要求，在城市基础设施、公用设施建设中必须加以考虑。

3.4.3.2 海绵城市建设相关对策措施

从 2000 年开始，北京市制定了多项加强水资源管理和节水工作的对策措施，其中包括雨水利用设施建设。随后，《新建建设工程雨水控制与利用技术要点（暂行）》《关于进一步加强城市雨洪控制与利用工作的意见》《北京市建设项目水影响评价报告编制指南（试行）》等政策更加有力地推进了北京的城市雨洪资源综合利用。

（1）技术措施。

北京市的城市雨水管理除传统的排水技术外，主要体现在雨洪控制与利用技术方面。经过十多年的研究、示范和应用，北京市已经初步构建了屋面—绿地—硬化地面—排水管网—河网水系“五位一体”，包含小区、区域等多个层面的控制、利用雨洪削减面源污染、增加入渗涵养水源的城市雨洪控制与利用技术体系。

北京城市雨洪控制与利用的基本措施包括雨水下渗、收集回用和调控排放，其中体现了《指南》中的“渗、滞、蓄、净、用、排”的基本思路。渗入地下是采用能够下渗雨水的绿地、透水地面、专用渗透设施等，使雨水尽快渗入地下、补充地下水。收集回用是将屋面、道路、庭院、广场等下垫面的雨水进行收集，经适当处理、净化后回用于灌溉绿地、冲厕、洗车、景观补水、喷洒路面等。调控排放是在雨水排出区域之前的适当位置，利用洼地、池塘、景观水体或调蓄池等调蓄设施和流量控制井和溢流堰等控制设施，使区域内的雨洪暂时滞留在管道和调蓄设施内，并按照应控制的流量排放到下游。具体采用的措施包括透水铺装、下凹（下沉）式绿地、雨水收集回用系统、雨水池、雨水花园、雨养型屋顶绿化、屋顶滞蓄排放、道路生物滞留槽、干塘、湿塘等，与最佳管理措施（BMPs）、低影响开发（LID）、水敏感城市设计（WSUD）等国际上一些新理念的技术措施大同小异。近些年在国家科技支撑计划、水利部公益行业专项、国家水专项等课题的支持下，北京市研发了一系列新型的雨水控制利用技术措施和产品设备，主要技术包括：透水铺装下渗集用、透水与不透水立体铺装、深下沉区域雨洪调蓄与利用、树阵雨水渗蓄自动灌溉树木、跨水系平台雨水渗滤、地下构筑物顶雨水综合利用、基于生态护岸的水系岸边绿地雨水利用、雨洪利用远程实时监控、雨洪综合利用效果评价、辐射井雨水利用、沿河公共绿地调蓄利用河道雨水、河道雨水增渗、利用砂石坑滞蓄利用河道雨水、城市河湖实时优化调度利用雨水等；主要设备产品有：砂基透水砖、塑料蓄水模块、硅砂蓄水池、PP透水网、防嵌排水网、渗滤检查井、渗滤排水沟、无动力渗滤弃流井、线性集水槽、透水地面效果现场测定装置等。

（2）实施12项城市雨水利用管理政策。

2000年12月1日，发布北京市政府66号令。

2003年3月，《关于加强建设工程用地内雨水资源利用的暂行规定》（市规发〔2003〕258号）。

2004年10月，发布《北京市实施〈中华人民共和国水法〉办法》。

2005年1月，《北京城市总体规划》（2004—2020年）。

2005年5月，发布《北京市节约用水办法》。

2006年4月，北京市水务局等7家单位联合发布《雨水利用倡议书》。

2006年11月，北京市水务局、发展和改革委员会、规划和自然资源委员会、住房和城乡建设委员会、交通委员会、园林绿化局、国土资源局、环境保护局联合发布《关于加强建设项目雨水利用工程的通知》。

2012年4月，发布《北京市节约用水办法》。

2012 年 8 月，市规划委发布《新建建设工程雨水控制与利用技术要点》。

2012 年 9 月，北京市园林绿化局发布《关于进一步加强雨水利用型城市绿地建设的通知》。

2013 年 8 月，市政府发布《关于进一步加强城市雨洪控制与利用工作的意见》。

2014 年，出台并实施水影响评价。

（3）7 项市级城市雨水利用规划。

2002 年，《21 世纪初期首都水资源可持续利用规划》。

2006 年，《北京中心城雨洪利用工程规划（2006—2008 年）》。

2007 年，《北京市雨洪利用规划》。

2007 年，《北京市水资源综合规划》课题的子专题之一——《“十一五”北京市水务发展规划》之专题规划。

2009 年，《北京城市雨洪利用近期规划》。

2010 年，海河流域规划修编之一《北京市雨洪利用专项规划》。

2011 年，《北京市“十二五”雨水与再生水利用规划》。

（4）9 项区县级和区域级雨水综合利用规划。

2004 年，《北京经济技术开发区雨洪利用专项规划》。

2004 年，《奥林匹克公园中心区雨洪利用规划》。

2004 年，《黄村工业（园）区雨洪利用规划》。

2005 年，《中关村环保科技示范园雨洪利用总体规划》。

2005 年，《中关村国际生命医疗园雨洪利用规划》。

2005 年，《丰台区“十一五”雨水利用专项规划》。

2011 年，《海淀区“十二五”雨水利用专项规划》。

2011 年，《房山区“十二五”雨水利用专项规划》。

2011 年，《怀柔区“十二五”雨水利用专项规划》。

（5）7 项国家或行业标准。

2001 年 2 月，《雨水集蓄利用工程技术规范》（GB/T 50596—2001），已更新为 GB/T 50596—2010。

2005 年 2 月，建材行业标准《透水砖》，（JC/T 945—2005）。

2006 年 9 月，《建筑与小区雨水利用工程技术规范》（GB 50400—2006），已废止，现执行《建筑与小区雨水控制及利用工程技术规范》（GB 50400—2016）。

2007 年 1 月，市规划和自然资源委员会《北京市小区雨水利用工程设计指南》。

2010 年 4 月，《城市雨水利用工程技术规程》（DB11T 685—2009）和《透水砖路面施工与验收规程》（DB11T 686—2009）。

2013 年 3 月，《城市雨水系统规划设计暴雨径流计算标准》（DB11T 969—2013），已更新为 DB11T 969—2016。

2013 年，《雨水控制与利用工程设计规范》（DB11/685—2013）。

3.4.4　现状问题

我国大部分城市的形成和发展都与水有不解之缘，恰恰因为这个原因，由于不合理的土地利用和水资源开发利用方式，导致水生态系统功能全面退化，从而引发以水为骨架的区域生态系统的全面恶化，水安全格局成为生态安全格局中的核心。因此，水生态基础设施的构建可以成为综合解决城市生态问题的一个关键途径。

北京市即为一个典型案例。在过去30年中，北京市总人口翻了一番，根据第六次人口普查统计2010年末已达到1961万，伴随人口的增长北京城区面积已经拓展了700%。蔓延式、摊大饼式的城市扩展使得城市没有为生物和水预留科学合理的空间，弹性的生态网络缺失。城市水系的结构发生了巨大的改变，湿地面积大幅减少；河流断流、水库干涸；河流廊道内硬化地表面积不断增加。水系结构的变化直接导致其功能的衰退，水体自净能力、地下水回补能力、洪涝的调蓄能力都随之下降，从而引发河流污染、城区内涝频发、生物栖息地丧失、地下水位下降等生态问题；也因此导致一系列的资源（土地资源、水资源）利用矛盾，如雨涝频繁与河流湖泊干涸并存。公园绿地与区域水系统割裂，导致雨涝时，公园的雨水排往城市雨水管道，白白浪费也增加了市政排水系统的压力，而干旱时，绿地又需要浇灌，与城市用水竞争；非生态化的河道建设方式不但没有使其成为日常通勤和游憩通道，反而成为市民活动的障碍。

由于北京地处北温带大陆性季风气候带，年降雨400～700mm，且季节性分配极不均匀，全年降水的75%集中在夏季3个月内；地处大平原与中国第二个高山台阶之间的交接带，水短流急，河流季节性明显；人口聚集度高，城市蔓延，大量不透水地面覆盖，极大地改变了自然水文状况；现代城市建设中不科学的城市规划和建设、单一目标的水利工程和环境工程，都极大破坏了自然的水系和湿地，包括大规模的河渠硬化工程、自然湿地系统的消失、城市绿地的“小脚化”等。普遍存在于中国大城市的城市病，在北京尤为突出。

3.4.4.1 水资源紧缺

北京水资源储量为18.27亿m^3，外地入境水资源19.15亿m^3，合计北京水资源总量为年37.42亿m^3，由于北京地下近似闭合流域，其地下出入境水量为零。北京地表水出境水量经多年观测约占年降水总量的14.28%，即为14.38亿m^3，各种损耗为3.32亿m^3，因此北京水资源为实际可用水量仅为19.72亿m^3。根据水利部调查统计，近10年来，北京以年均不足21亿m^3的水资源量，维持着36亿m^3的用水需求，每年超采的量就达到了5亿m^3。

随着改革开放和城市的发展，北京发生了巨大变化，城市用水量大幅度增加。北京市地处海河流域，是一座人口密集、水资源短缺的特大城市，北京市人均占有水资源量为400m^3，占我国人均水资源量的1/6，占全世界人均水资源量的1/25，在130多个国家首都中名列百位之后。而且人口、资源与环境之间的矛盾十分突出，水污染状况相当严峻。南水北调中线通水后，北京市生活刚性需水得到基本满足，有效缓解了水资源紧张状况，地下水全面超采的趋势有所缓解，但人均水资源量仍远低于国际公认的年人均500m^3的极度缺水标准，生态环境用水需求仍存在较大缺口。同时非首都功能和人口疏解，将使北京城市副中心、新机场、新城等重点功能区的区域水资源供需矛盾更加凸显。

水资源开发利用，是水资源使用价值得以实现的前提，也是水资源价值增值过程。水资源的开发利用，应该在可承受的范围之内，否则就会出现各种问题。目前，北京市水资源开发利用存在的问题主要表现在：

（1）水资源供需矛盾加剧。

在 20 世纪五六十年代，北京水资源供需没有多大矛盾，20 世纪 70 年代以后，缺水成为北京严重问题之一。分析其原因，主要是：①人口增加，经济发展，水资源需水量增加；②入境水量减少。上述两种因素的相互作用与叠加，使北京水资源供需矛盾加剧。随着时间的推进、经济的发展、生活水平的提高，水资源的需求进一步增加，水资源供需矛盾更加尖锐。

（2）地下水严重超采。

北京市地下水平均补给量为 37.80 亿 m^3/年，地下水可开采量约为每年 24.5 亿 m^3。由于种种原因，补给水并不能全部作为可利用水量。当开采量大于可开采量时，会引起一系列的水文地质环境问题。北京市地下水严重超采引起的主要问题是：①地面沉降。主要分布在城区的东部和东北部，八里庄—大郊亭一带，沉降幅度最大。②水井供水衰减或报废。③水质发生变化，由于地下水资源超采。加上近年来污水、垃圾处理不能同步于增加量，致使地下水污染呈现逐年加重的趋势。

（3）污水资源化程度不高。

污水是被污染、使用价值不高的水资源，污水资源化是指污水处理后变成可供用水部门使用的合格水源。实现污水资源化，是缓解北京水资源紧缺、防治水污染的一条重要途径，是当前水源建设中一项势在必行的紧迫任务，也是改善首都环境、建设清洁美丽城市不可或缺的重要任务。

3.4.4.2　水污染严重

水资源开发利用过程中，水质是重要的指标之一，水资源量、质的协调统一是水资源充分发挥效益不可缺少的条件。目前北京市水环境问题仍比较突出。在监测的 80 条河段中，受污染的河段 51 条，长度 1100km，占监测河流长度的 50.8%，其中重度污染 11 条，占监测长度的 10.1%，严重污染 21 条，占监测总长度的 16.6%。水质污染主要集中于城郊区。据有关专家估算，北京市由于水污染所造成的工农业经济损失约占国民生产总值的 1%，加上间接损失达 3%。

城乡结合部污水收集是全市污水治理的最大短板，中心城污水收集率约为 83%，而城乡结合部仅为 33%；城乡结合部污水无序排放严重，中心城每天约有 50 万 m^3 污水未经处理直排入河。另一方面，村镇污水处理设施覆盖不足、运行率低，3111 个村庄中有污水处理设施的仅有 681 个，覆盖率仅为 22%。农村污水处理是最大盲区，雨污合流是最大死角。全市有规模以上直接入河排污口 836 个，夏季雨天仍有大量污水入河，全市共有黑臭水体 141 条河段。潮白河、永定河平原段常年断流，多年超采形成的地下水超采区还大面积存在，水土流失还未得到全面治理，湖泊湿地水面尚未得到有效恢复。社会各界对水环境、水生态改善的呼声强烈。

3.4.4.3　雨洪资源利用不足

北京是一个旱涝并存的典型城市，每年的供水缺口在 10 亿 m^3 以上，但其降水总量少且年内分布不均，约 85%的降水集中在汛期，并常以暴雨形式出现，造成频繁而严重的城市内涝；同时大量雨水通过排水系统直接排放出境，得不到充分利用，每年约有 66%的雨水资源白白流失。

经过多年来的科研、示范、工程建设，雨水利用工程对缓解局部地区防洪压力、涵养地下水、增加可用资源量、改善生态环境效果明显。但是，北京市中心城区雨水利用工程真正有效控制和利用暴雨径流的面积较小，不到中心城面积的10%，对中心城区整体暴雨径流的控制效果还很微弱。同时经过调研发现，近2～3年城市雨水利用推广应用力度有所减弱，步伐有所减缓。另一方面，近些年北京城区的暴雨呈局地性、短历时、冲击性强的态势，城区积滞水灾害频繁发生，汛期仍有大量雨水白白流走。这些不得不认真思考在雨水利用的研究、应用等方面存在的问题，以及今后的发展方向和发展思路，以便充分发挥城市雨水利用措施的防洪减灾、资源利用和生态改良作用。

尽管在海绵城市建设方面，北京市具有一定的基础，但是距全面建成海绵城市、打造和谐宜居首都的目标还有较大差距，需要深入学习和贯彻落实习总书记关于“加强海绵城市建设”的讲话精神和“节水优先、空间均衡、系统治理、两手发力”的治水思路，全面开展海绵城市的建设，在京津冀协同发展的大背景下，建设和谐、生态、宜居的中国特色世界城市。因此，如何留住雨水并回补地下水、如何将这些留在地表的水与生物保护相结合、如何与文化遗产相结合、如何与游憩系统、慢行系统相结合，均是急需通过水生态基础设施的构建来系统解决的城市生态问题。同时，水生态基础设施对于这个还在继续发展中的特大城市而言，其更大的意义在于构成了城市增长的“底线”和高效、明智的保护策略，不仅是空间意义上的边界，也是生态质量上的保障，维系了核心的生态过程和区域生态系统的骨架结构，北京市还可以承载更多、容纳更多。

3.4.5 设计目标和理念

3.4.5.1 规划目标

2016年4月，北京和天津作为华北地区的代表性区域，入选全国第二批海绵城市建设试点。北京市海绵城市建设将率先在通州区和延庆区进行试点，通州将结合副中心建设，按照高水平标准建设要求，建设平原海绵城市，延庆则将结合世园会建设，按照生态文明新典范建设要求，建设山区海绵城市。根据《北京城市总体规划》，到2030年，北京市80%以上的城市建成区要达到“海绵城市”标准，实现水环境质量达标、水生态系统全面恢复等要求。

北京建设海绵城市建设主要结合城市开发、旧城改造、市政基础设施及公共服务设施建设，加快启动重点功能区、开发区、社区、公园等海绵城市示范区建设。到2020年建成区20%的面积完成海绵体建设，新建区海绵体建设与主体工程同步规划、同步建设、同步投入使用。通过增加储水空间，将雨水留下来；通过改造硬质铺装，将雨水渗下去；通过延长回流路径，将雨水净化好。2020年城市建成区的20%面积实现70%雨水就地消纳和利用，2030年城市建成区的80%面积实现70%雨水就地消纳和利用（图3.14）。使得中心城、新城主要道路立交桥标准内降雨不发生积水，城市内涝得到有效防治；中心城、北京城市副中心达到防洪标准，防洪安全得到有效保障，实现“小雨不积水、大雨不内涝、水体不黑臭、热岛有缓解”，将北京建成宜居的、充满活力的、缺水地区建设海绵城市的典范。

3.4.5.2 规划原则

（1）节水优先、量水发展。

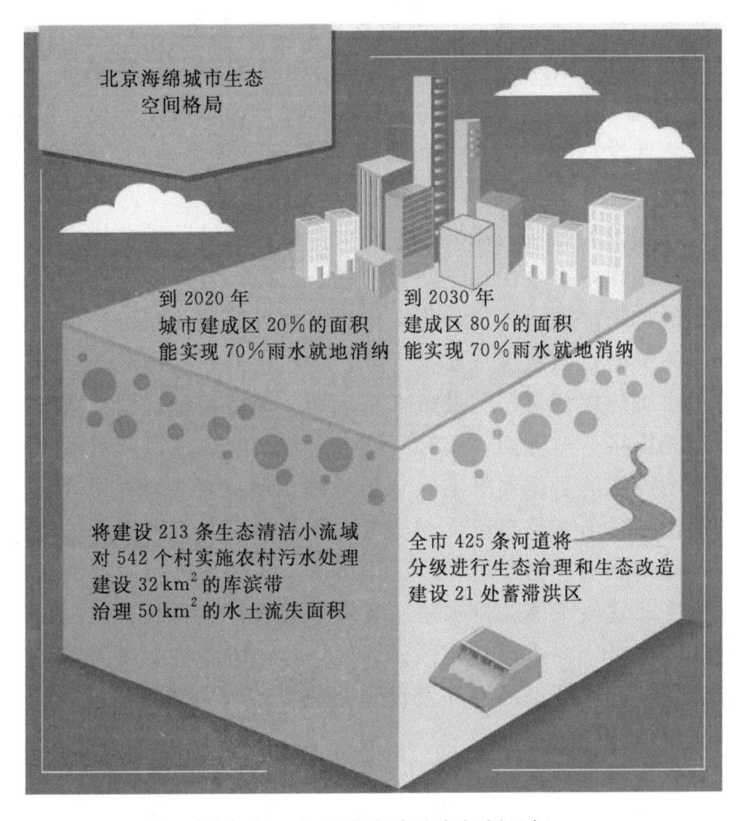

图 3.14　北京市海绵城市规划目标

严格落实节水优先方针，坚持以水定城、以水定地、以水定人、以水定产，深入发挥水的约束引导和服务保障功能。北京水安全问题的症结是人口无序过快增长，深层次原因是功能过度集聚。必须坚持以水定城、以水定地、以水定人、以水定产的原则，坚定不移地推动首都人口和功能疏解，坚定不移地推动“城市病”治理向纵深发展，绝不把难题留给后人。

综合国内有关专家对北京水资源承载能力的分析测算，南水北调 10 亿 m^3 水进京后，北京市适宜承载人口在 2300 万人以内，而 2013 年底统计的常住人口已达 2114.8 万人。对于北京而言，水是最重要的自然资源，在城市资源环境承载能力中起着决定性的作用，从人均水资源可利用量这一重要指标看，北京目前的水平与建设国际一流和谐宜居之都的目标要求还有相当差距。因此，要充分发挥水务的约束引导功能，抓紧制定水资源保障和利用策略，处理好水资源保障底线和水资源约束底线的关系，加快推进由强调水务服务保障功能向突出水务引导约束功能转变。特别是在城市规模和格局规划上要充分考虑水资源的刚性约束，在区域规划布局和功能定位上要充分考虑水资源配置、污水收集处理、水土保持和防洪排涝格局。在城市总体规划修改中要增加水务相关约束性指标和要求。同时，要落实最严格的水资源管理制度，全面实施规划水资源论证和建设项目水影响评价审查制度，严格落实节水“三同时”制度。

(2) 空间均衡、统筹协调。

坚持各区域人口规模、产业结构、土地开发与水务支撑条件相协调，减小或消除区域之间、城乡之间水务基础设施差距，促进城乡水务公共服务均等化，推进京津冀协同发展。必须将此提升到城市规划层面以及职能部门相互配合的操作层面，即“规划引领”“生态优先”。也就是说，要以各层级规划为控制途径，一方面保护现有可能影响城市水生态的敏感区域，限制开发；另一方面将低影响开发这一理念植根于新开发或需要改造的城区。

解决在允许开发建设的区域内需要控制多少雨水径流量、哪些地方应建设低影响开发雨水系统、为这些设施预留多少用地空间等问题。因此，各地要因地制宜确定年径流总量控制率及其对应的设计降雨量，将这个指标作为控制目标，并制定城市低影响开发雨水系统的规划原则和实施策略，确定重点实施区域，优化土地利用布局。

低影响开发雨水系统规划必须与城市水系规划、绿地系统规划、城市排水防涝综合规划等相关专项规划相衔接。一方面，要针对城市道路、绿地、河湖水系等不同用地类型的特点，将低影响开发设施的量化要求纳入专项规划，明确各地块的控制目标；另一方面，对城市总体规划的用地提出调整建议，充分考虑用地性质的兼容性，优化用地布局。

在控制性详细规划层面，需要进一步细化城市总体规划提出的控制目标。要综合考虑不同用地的空间关系、建设主体、排水防涝要求等因素，明确每个地块的年径流总量控制率及其对应的设计降雨量。在进行修建性详细规划时，需要将上述指标作为各地块的约束条件，详细确定地块内具体的低影响开发设施布局、规模、建设时序、资金安排等内容，确保各地块实现低影响开发的目标。

（3）系统治理、突出重点。

系统考虑水资源开发利用与节约保护、防洪减灾与水生态修复、污水处理与再生水利用，重点解决水资源短缺、水环境恶化、河水断流、地下水超采等突出问题。要以城市建筑与小区、城市道路、绿地与广场、水系等建设为载体，城市规划、设计、施工及工程管理等各部门、各专业要统筹配合，突破传统的“以排为主”的城市雨水管理理念，通过渗、滞、蓄、净、用、排等多种生态化技术，构建低影响开发雨水系统。

要以城市建筑与小区、城市道路、绿地与广场、水系等建设为载体，城市规划、设计、施工及工程管理等各部门、各专业要统筹配合，突破传统的“以排为主”的城市雨水管理理念，通过渗、滞、蓄、净、用、排等多种生态化技术，构建低影响开发雨水系统。

对于建筑与小区，可以让屋顶绿起来，在滞留雨水的同时起到节能减排、缓解热岛效应的功效；人行道、广场可以采用透水铺装；有条件的小区绿地应“沉下去”，让雨水进入下沉式绿地进行调蓄、下渗与净化，而不是直接通过下水道排放；可将小区的景观水体作为调蓄、净化与利用雨水的综合设施。

城市道路是径流雨水及其污染物产生的主要场所之一，对城市道路径流雨水的控制尤为重要。人行道可采用透水铺装，道路绿化带可下沉，若绿化带空间不足，还可将路面雨水引入周边公共绿地进行消纳。

城市绿地与广场应建成具有雨水调蓄功能的多功能“雨洪公园”，城市水系应具备足够的雨水调蓄与排放能力，滨水绿带应具备净化城市所汇入雨水的能力，水系岸线应设计为生态驳岸，提高水系的自净能力。

维持和恢复城市绿地与水体的吸水、渗水、净水能力，是建设海绵城市的重要手段。

因此，在保证城市道路、绿地原有功能的同时，还要合理规划用地布局与竖向设计，使低影响开发雨水设施与城市雨水管渠系统、超标雨水径流排放系统有效衔接，充分发挥城市“绿色”基础设施与“灰色”基础设施协同作战的能力。

（4）两手发力、改革创新。

坚持政府作用和市场机制协调发力，充分发挥市场在水权交易、污水处理、水生态建设等方面的作用。加强改革创新，激发活力，促进水务全面发展。海绵城市建设既要实现生态目标，也要满足现有城市功能。因此，低影响开发设施建设必须要以建筑与小区、绿地与广场、城市道路等城市基础设施作为载体，这就要考虑城市基础设施安全运行和城市水安全的问题、各地区水文条件差异性、规划指标及项目操作层面的可实施性，这就是“安全为重”、“因地制宜”、“统筹建设”的含义所在。为此，各城市可根据自身的水文条件、水安全要求、水资源状况，确定符合自身需要的海绵城市建设目标，创新建设和管理模式。

3.4.5.3 规划格局

构建多类型、多层次、多功能、成网络的高质量绿色空间体系。强化西北部山区重要生态源地和生态屏障功能，完善以绿兴业、以绿惠民政策机制，不断扩大绿色生态空间。着力建设以绿为体、林水相依的绿色景观系统，增强游憩及生态服务功能，重塑城市和自然的关系。以三类环型公园、九条放射状楔形绿地为主体，通过河流水系、道路廊道、城市绿道等绿廊绿带相连接，共同构建“一屏、三环、五河、九楔”网络化的市域绿色空间结构。

（1）一屏：山区生态屏障。

充分发挥山区整体生态屏障作用，加强生态保育和生态修复，提高生态资源数量和质量，严格控制浅山区开发规模和强度，充分发挥山区水源涵养、水土保持、防风固沙、生物多样性保护等重要生态服务功能。

（2）三环：一道绿隔城市公园环、二道绿隔郊野公园环、环首都森林湿地公园环。

推进第一道绿化隔离地区公园建设，力争实现全部公园化；提高第二道绿化隔离地区绿色空间比重，推进郊野公园建设，形成以郊野公园和生态农业为主的环状绿化带；合力推进环首都森林湿地公园建设。

（3）五河：永定河、潮白河、北运河、拒马河、泃河为主构成的河湖水系。

以五河为主线，形成河湖水系绿色生态走廊。逐步改善河湖水质，保障生态基流，提升河流防洪排涝能力，保护和修复水生态系统，加强滨水地区生态化治理，营造水清、岸绿、安全、宜人的滨水空间。

（4）九楔：九条楔形绿色廊道。

打通九条连接中心城区、新城及跨界城市组团的楔形生态空间，形成联系西北部山区和东南部平原地区的多条大型生态廊道。加强植树造林，提高森林覆盖率，构建生态廊道和城镇建设相互交融的空间格局。

在此规划格局上，就是要充分发挥“山区保护、山前渗透、蓝绿交融、城镇减排”的作用，将占全市面积62%的山区作为北京的生态涵养区，重点进行生态建设和水源保护；结合五扇山前土壤渗透性好，是北京最主要的地下水补给区，重点建设大型蓄水空间；通过三环、五水、九楔河湖、绿地等主要的海绵体，建设控制消纳雨水的主要存蓄空间；并在人类活动集中区的城镇建设区，重点减排并利用蓝绿营造宜居空间。

3.4.5.4　规划项目

在协调部署北京全市海绵城市建设的基础上，北京的海绵城市建设将率先在通州区和延庆区进行试点，通州将结合副中心建设，按照高水平标准建设要求，建设平原海绵城市，延庆则将结合世园会建设，按照生态文明新典范建设要求，建设山区海绵城市。

（1）城市红线。

习近平总书记在视察北京工作时指出“控制城乡建设用地规模和开发强度，划定城市增长边界和生态红线，遏制城市‘摊大饼’式发展。”为贯彻落实总书记的指示要求，北京市规划委结合海绵城市建设需求，开展了生态红线和城市增长边界划定工作，将市域空间划分为生态红线区、集中建设区和限制建设区。

北京市将具有重要生态价值的森林、河流湖泊等现状生态资源和风景名胜区、水源保护区等法定保护空间划入生态红线区，初步划定生态红线区面积约占市域面积的70%以上。初步划定集中建设区面积约占市域面积的16%。

（2）绿地系统建设。

北京市绿地系统建设主要包括构建清河、坝河、通惠河、凉水河、永定河、温榆河和北运河7条水系绿廊；规划北中轴、来广营、机场路、通惠河、东南角、凉水河、菜户营、永定河引水渠和六郎庄9块楔形绿地；对四环丰台区段、五环海淀朝阳段、京通快速路、阜石路、京哈高速、京沪高速、京藏高速、京包铁路、京秦铁路、京沪铁路、京山铁路、京广铁路和京石客专13条通道进行绿化，以及建设若干大型生态节点和小型绿地。该项目将在2020年以前完成，将公园绿地变成“海绵”吸纳雨水。

从空间结构和功能的角度出发，北京绿道可分为市级绿道、区级绿道和社区绿道三个层级。各级绿道相互连通，形成有机整体。市级绿道是全市绿道体系的骨架，串联全市重点生态空间、人文历史景观和主要功能区等，对市域生态环境的保护和休闲游憩体系的构建具有重要意义；区级绿道主要起到承接市级绿道的作用，串联市级绿道未纳入的重要绿色空间、文化景观等，主要服务于本区县的居民；社区绿道是在社区或绿地内部形成的绿道微循环系统，主要服务于周边居民。

北京市绿道建设将依托绿色空间、河湖水系、风景名胜、历史文化等自然和人文资源，构建层次鲜明、功能多样、内涵丰富、顺畅便捷的绿道系统。以市级绿道带动区级、社区绿道建设，形成市、区、社区三级绿道网络。到2020年中心城区建成市、区、社区三级绿道总长度由现状约311km增加到约400km，到2035年增加到约750km。

《北京市级绿道系统规划》提出了本市“三环、三翼、多廊”的绿道总体布局，覆盖全市16个区，串联通州副中心和10个郊区城区，包括28条主要绿道线路，规划市级绿道线路长度1200多km。

“三环”绿道——环城公园环绿道、郊野公园环绿道、森林公园环绿道。

“三翼”绿道——东翼大河绿道、西翼山水绿道、北翼山水绿道。

“多廊”绿道——主要是沿城市河湖水系由中心城向外辐射的滨水绿道。

将风景名胜区、森林公园、湿地公园、郊野公园、地质公园、城市公园六类具有休闲游憩功能的近郊绿色空间纳入全市公园体系。新建温榆河公园等一批城市公园。加强浅山区生态环境保护，构建浅山休闲游憩带。完善市级绿道体系，形成由文化观光型绿道、带状廊道游憩型绿道和河道滨水休闲型绿道共同组成的绿道体系。现状建成市级绿道约 500km，区级绿道约 210km。到 2020 年建成市级绿道 800km，区级及社区绿道 400km。到 2035 年建成市级绿道 1240km 以上，示范带动 1000km 以上区级及社区绿道建设。优化城市绿地布局，结合体育、文化设施，打造绿荫文化健康网络体系。到 2020 年建成区人均公园绿地面积由现状 $16m^2$ 提高到 $16.5m^2$，到 2035 年提高到 $17m^2$。到 2020 年建成区公园绿地 500m 服务半径覆盖率由现状 67.2%提高到 85%，到 2035 年提高到 95%。

（3）城市水系建设。

落实《加快推进河湖水系连通及水资源循环利用工作的意见》，加快推进“三环水系”及各区水系连通及循环利用工程建设，着力构建流域相济、多线连通、多层循环、生态健康的水网体系，形成“三环、三带、多点”的水网格局，为建设国际一流和谐宜居之都提供“水清、岸绿、安全、宜人”的优美水环境。

通过构建由水体、滨水绿化廊道、滨水空间共同组成的蓝网系统。“蓝网”系统是由水体、滨水绿化廊道、滨水城市空间共同构建的中心城区滨水公共开放空间廊道系统。通过改善流域生态环境，恢复历史水系，提高滨水空间品质，将蓝网建设成为服务市民生活、展现城市历史与现代魅力的亮丽风景线。到 2020 年中心城区景观水系岸线长度由现状约 180km 增加到约 300km，到 2035 年增加到约 500km。

1）水系连通及循环工程建设。

按照河网、湖泊的空间分布，打通河湖间水力联系；建设南水北调与五大水系连通工程，增加清水补充；加快完善再生水调水管网体系，科学调度闸坝，建设河湖水质净化循环工程，增加河湖生态水量，增强水体流动性；推进大运河引水段、玉河南段、前门月亮湾地区护城河等历史河湖景观恢复。到 2020 年，基本形成中心城“三环水系”格局和郊区各行政区各具特色的区域水系连通格局。

2）河流绿色生态廊道建设。

重点启动永定河绿色生态廊道工程建设，作为京津冀生态领域合作的突破口。实施北运河综合治理，加快水质还清，2020 年北京城市副中心段河道水质主要指标基本达到地表水Ⅳ类标准，努力恢复历史漕运河道景观。实施潮白河绿色生态走廊建设。通过科学合理划定城市的“蓝线”“绿线”等开发边界，最大限度地保护原有的河流、湖泊、湿地、坑塘、沟渠等“海绵体”不受开发活动的影响，维持城市开发前的自然水文特征。

3）清水亲水河道建设。

加强河道系统治理，按照“一河一策”的原则制定黑臭水体治理工作方案，通过采取控源截污、垃圾清理、清淤疏浚、水体循环、生态修复等措施，对全市 141 条河段约 665km 黑臭水体进行治理，2017 年底消除全市建成区和通州区黑臭水体，2018 年底基本消除全市黑臭水体，提前完成《水污染防治行动计划》的治理任务。统筹截污治污、水源保障和生态治理，完成清河、凉水河、通惠河等河流水环境治理，加快还清城市河湖。加强河湖水系及周边环境综合整治，提高水系连通性，恢复河道生态功能，构建流域相济、多线连通、多层循环、生态健康的水网体系。加强河湖蓝线管理，保护自然水域、湿地、坑塘等蓝色空间。逐步恢复河滨带、库滨带自然生态系统，改善河岸生态微循环，提高水体自净功能。统筹岸线景观建设，打造功能复合、开合有致的滨水空间。提高河道的亲水性，满足市民休闲、娱乐、观赏、体验等多种需求。

4）蓄滞洪区和湿地工程建设。

按照构建山水林田湖生命共同体的思路，结合北京市蓄滞洪（涝）区建设，重点在房山区琉璃河，大兴区长子营，通州区宋庄、台湖、张家湾、西集及北运河延芳淀、潮白河与凉水河周边等区域，新建湿地 3000hm^2，充分发挥湿地的雨洪滞蓄、水质净化、地下水回补、气候调节等功能。

此外，落实国务院办公厅《关于推进海绵城市建设的指导意见》要求，加快防洪排涝工程建设，加强流域洪水调控与管理，保障人民群众生命财产和城市运行安全。坚持“上蓄、中疏、下排、有效蓄滞利用雨洪”的防洪原则，实施永定河、潮白河、北运河等骨干河道及中小河道治理，完成南海子、南旱河、宋庄等 6 处蓄滞洪区建设。积极推进永定河陈家庄水库前期工作。进一步提高防洪安全保障能力。

（4）雨水管理系统。

按照雨水源头消减、过程控制、通道畅通的原则，落实国家规范新要求，全市新建改造雨水管道 1427km，实施郊区新城下凹桥区泵站改造，治理排涝河道 265km，新建蓄涝区 17 处；开展地下深层排蓄廊道研究，适时启动工程建设，进一步完善中心城“西蓄、东排、南北分洪”的防洪排涝格局。

在全市新建重点功能区、市交通委的“十三五”道路建设和改造计划和各区申报的停车场改造计划中，也全部增加了“海绵”内容，这些道路、广场，也将为吸水、储水出力。新建区将全部按照地方标准“3、5、7”的要求，建设雨水控制利用小区。即建筑面积超过 2000m^2 时，每千平方米硬化面积配建调蓄容积不小于 30m^3 的雨水调蓄设施。绿地中至少应有 50%为用于滞留雨水的下凹式绿地。建筑及小区，公共停车场、人行道、步行道、自行车道和休闲广场、室外庭院的透水铺装率不小于 70%。老旧小区改造和棚户区改造，把雨水控制利用作为项目内容之一，进行重点考核。

（5）治污截污工程。

来自水务部门的规划显示，针对水源保护、涵养和水土流失治理等项目，北京将建设 213 条生态清洁小流域，对 542 个村实施农村污水处理，建设 32km^2 的库滨带，并治理 50km^2 的水土流失面积。这些项目覆盖的面积将达到 2594km^2，相当于 5895 个天安门广场。同时，全市 425 条河道将分级进行生态治理和生态改造，另外，全市还计划建设 21 处蓄滞洪区，体积相当于 32 个昆明湖。

按照《京津冀协同发展规划纲要》中“六河五湖四库”的相关要求，积极推动永定河、潮白河、北运河全流域综合治理，优先推动永定河全线生态功能恢复，协同治理流域污染，尽早实现跨界河流断面水质达到相应功能区标准。实施密云水库上游河北省张家口市和承德市 600km^2 生态清洁小流域建设。研究建立水资源生态补偿机制，加大对水源涵养功能区生态保护及农业节水项目支持。

结合北京市全力推进污水处理和再生水利用设施建设三年行动方案，全市新建污水处理厂 41 座，污水处理能力由 398 万 m^3/d 提高到 672 万 m^3/d；新建污水管线 2678km；全市污水处理率达到 87.9%。实施污水处理厂升级改造，在全国率先将再生水主要出水指标提升到地表水Ⅳ类标准。加快推进河湖水系连通及水资源循环利用工程建设，实施南护城河、永定河引水渠等主要河道清淤和“六海”、动物园湖等重点水域水质改善工程，着力打造“三环”水系。实施永定河城市段 18.4km 生态修复，建成园博湖、晓月湖、莲石湖等“五湖一线一湿地”大型河道公园，新增水面面积 385ha。为市民休闲和沿岸发展提供了优良的生态环境保障。

【单元探索】

结合北京市海绵城市建设规划目标、原则和格局，选取国内其他典型城市，通过自然条件和社会经济因素分析，尝试开展海绵城市项目的规划？

【项目练习】

一、判断题（请在对的题后括号中打“√”，错的打“×”）

1. 城市生态系统作为一个典型的开放系统。（　　）

2. 中观尺度海绵城市建设内容是河湖水系和道路建设，不涉及建筑小区的改造。（　　）

3. 一般情况下，绿地的年径流总量外排率为 20%～30%。（　　）

4. 北京市对城市雨水问题的技术研究和实践大体经历了雨水直排、排用结合、系统管理三个过程。（　　）

5. 根据《北京城市总体规划》，2030 年北京市城市建成区的 80%面积实现 70%雨水就地消纳和利用。（　　）

6. 住房城乡建设部出台的《海绵城市建设技术指南——低影响开发雨水系统构建（试行）》中，Ⅲ区的年径流总量控制率 α 的最低和最高限值是 70%和 85%。（　　）

二、名词解释

1. 中观尺度海绵城市建设：____________________

____

2. 蓝网系统：____________________

____

3. 弹性城市：____________________

____

4. 城市海绵体：____________________

____

5. 小区雨水综合利用模式：____________________

____

6. 年径流总量控制率：____________________

____

7. 城市绿地网络：____________________

____

三、论述题

1. 试论述中观尺度海绵城市设计时应如何与城市规划分层设计相协调？

2. 简要论述中观尺度海绵城市建设工程技术措施和非工程技术措施两大措施？
3. 试论述中观尺度海绵城市建设的主要建设内容？
4. 试论述传统绿色系统与海绵城市绿色系统建设模式的区别？
5. 结合北京市发展模式和约束条件论述北京市海绵城市建设的必要性？

项目4　微观尺度海绵细胞关键技术

【学习目标】

学习单元	能力目标	知识点
单元4.1	了解家庭海绵技术的基本内容、设计理念及其关键技术措施	家庭海绵技术的组成
单元4.2	了解容器式绿色屋顶技术的主要内容、设计理念和关键技术措施	设计与施工的技术措施
单元4.3	了解透水砖铺技术的满足要求、设计理念和关键技术措施	透水性人行横道结构层设计，材料与施工要求
单元4.4	了解下沉式绿地技术的设计方法和关键技术措施	设计方法和设计参数的选取，以及年径流总量控制率、年径流污染控制率的计算方法和技术经济指标分析
单元4.5	了解雨水花园技术的主要内容、设计理念和设计方法	雨水花园方案设计
单元4.6	了解城市雨洪管理滞蓄技术的主要内容、设计理念和方法	城市雨洪管理滞蓄技术的设计方法
单元4.7	了解与洪水为友技术的主要内容、设计理念和技术措施	与洪水为友技术的设计方法
单元4.8	了解加强型人工湿地净化技术的主要内容、设计理念和技术措施	湿地净化、水生植物种植与管理、水生动物放养和培育，以及休憩节点与步行网络的设计方案
单元4.9	了解“污水”到“肥水”技术的主要内容、设计理念和技术措施	生产性景观设计、雨水收集与灌溉系统、植物配置与生长和游憩设施
单元4.10	了解生态系统服务仿生修复技术的主要内容、设计理念和关键技术措施	环境设计、群落设计和游憩网络等设计
单元4.11	了解水岸生物技术的主要内容、设计理念和技术措施	修复自然生态岸线，乡土植被的设置和亲水空间设计
单元4.12	了解最少干预技术的主要内容、设计理念和技术措施	保护完善蓝色和绿色基底，特色建筑和城市绿色廊道的设计

所谓海绵城市，就像海绵一样具有“吸水”和“释水”的功能，即具有“渗、滞、蓄、净、用、排”的功能，将截留和积蓄部分或很大部分的降水作为雨水资源，供人们充分利用。海绵城市靠什么来实现这些功能？靠的正是“海绵体”。海绵体是指一个个吸水和释水的基础设施（单位），是海绵城市的重要组成部分，它包括城市原有或规划建设的城中河、池塘、湖泊、屋顶绿化、透水铺装、下沉式绿地、雨水收集利用设备等基础设施，具有使建筑与小区、道路与广场、公园和绿地、水系等具备对雨水的吸纳、滞蓄和缓

释的作用。另外，海绵城市还要采用景观设计途径，运用生态化的渗、滞、蓄、净、用、排等雨洪管理技术以及各种生态修复技术，实现具有综合生态系统服务功能的“海绵体”。这里所指的景观设计途径就是系统地通过地形设计、水过程和格局设计（包括雨洪管理）、生物群落设计及人工构筑物设计等，实现人工生态系统，所设计的景观就是海绵体。评价设计的生态系统，就是评价海绵体的成功与失败，标准是其所能发挥的综合生态系统服务之强弱，包括供给和生产服务，以旱涝调节为核心的环境调节服务，生命承载服务，社会文化及审美启智服务。

本章从微观尺度出发，强调了生态系统的修复与海绵城市建设的不可分割性。水是城市生态系统的主导因素，滞蓄和利用雨洪本身就是生态系统修复的重要途径；同样，一个健康的生态系统，才能有效地实现自然渗透、自然净化和自然蓄存的海绵城市目标。任何片面的灰色雨水工程，单一目标的渗、蓄、用或排的灰色工程，都是与海绵城市建设目标相违背的。还需强调，尽管本章按每个案例所用的关键技术分类讨论海绵城市的工程技术，但是各个案例实际上都是综合运用了可以滞蓄和有效利用水的生态雨洪管理和修复技术。

单元4.1 家庭海绵技术

【单元导航】

问题1：我国海绵城市为什么要采用家庭海绵技术？

问题2：家庭海绵技术的主要内容包括什么？

问题3：家庭海绵技术的设计理念和目标是什么？

问题4：案例4.1的家庭海绵技术措施是什么？

问题5：案例4.1在改建后出现了什么问题，据此需要做哪些调整可使效果更好？

【单元解析】

家庭海绵（家庭水生态基础设施）技术仅仅是一个概念，需要多种技术支撑来实现，它是对现有建筑进行绿色改造的一种有效方式。

(1) 家庭雨水收集系统。屋面雨水收集系统的主要组成部分包括雨水收集面、集水槽、落水管、处理和储存装置等。在集水槽处放置过滤网，可将雨水中体积较大的杂物分离出来，然后雨水通过落水管做进一步处理，之后经过管道进入家庭储水箱。针对全年雨量分布不均的季风气候地区来说，干湿两季所收集的雨水不同，储水箱容量设计与家庭雨水需求和降雨量密切相关，直接利用雨水的方法更适合中国家庭目前的基本情况。

(2) 设计阳台花园，利用雨水创造生产性景观。阳台是室内向外延伸的平台，也是室内环境与室外转换最为直接的场所。阳台花园可提供休憩的场所，也是室内和室外空气交换的缓冲空间。因此，阳台可以成为最佳的雨水利用场所，即利用简单的方式收集雨水，用雨水灌溉阳台植物，为家庭创造可食用的免费食材。并且阳台通过精细化设计，可实现多元化的雨水利用方式。

(3) 利用雨水生态墙调节室内温度和湿度。室内生态墙是近年来室内生态设计的新概念，在墙面上以无土栽培的方式种植植物，且与室内环境融为一体，这种“生长着的植物墙”可以夏天吸热，冬天加湿，营造令人舒适的微气候，成为室内设计的新风尚。垂直绿化生态墙方式，在有限的室内空间里具有节省空间、调节温湿的作用，相比目前更多利用地面空间的绿化具有很大优势。生态墙的用水来源由收集的雨水提供，完全发挥自然雨水滋润大地、给予万物生命的力量，与家用自来水相比，雨水中含有的物质更加有利于植物的生长，有利于绿色生态墙的构建。

（4）营造建筑自然通风体系。家庭雨水收集利用已经开启了将自然之力引入家庭环境的旅程，为进一步实现建筑低耗能奠定了基础。将雨水和绿植引入家庭，同时配合自然通风系统，可大大减少日常家庭通风降温的耗能。与复杂、耗能的空调技术相比，自然通风是一项廉价而成熟的低技术。

【案例 4.1】

4.1.1 案例概况

某中高密度社区，容积率为 12%。当地冬季寒冷，一般夜间最低温度可以降到 −15～−10℃，夏季炎热，日间最高温度可高达 35～38℃。年降水量达到 575mm，主要集中在夏季，而春季和秋季干旱少雨。本案例采用社区内 2 个相邻公寓单元进行介绍，每个主卧室约 30m^2，隔墙墙面约 11m^2，主卧室连接阳台。

4.1.2 案例现状问题

改造前，公寓阳台未封闭，下雨时雨水洒落在屋顶和阳台上，通过阳台落水管排到城市排水管网中，造成了雨水资源的浪费。另外，2 个主卧室外的阳台空间得不到高效使用。

4.1.3 案例设计理念和目标

为了达到既美化和利用空间，又能充分收集和利用雨水的目的，需要将阳台改造为温室花园和蔬菜园两个空间，并且将分隔 2 个公寓的隔墙设计为一道“景观生态墙”；同时，充分收集雨水，利用收集的雨水浇灌 2 个花园和景观生态墙。总之，这是一项运用家庭水生态基础设施理念，将高能耗的住宅建筑向绿色建筑转化的实验性项目。

4.1.4 案例关键技术措施

4.1.4.1 改造阳台结构，收集雨水

雨水收集时，选择整个建筑的屋顶作为雨水收集面，根据屋顶原有的排水结构和落水管结构，在落水口设置集雨檐，使雨水流入连接雨水储存箱的管道。为了防止管道阻塞和净化雨水，在管道口依次设置过滤网和雨水过滤装置。此过滤装置安装在阳台墙壁一侧，可整体拆卸，方便定期维护。雨水经过处理后，直接进入雨水储存箱进行存放，储存箱设有通风换气装置，防止水体变质。储存箱围绕阳台四周设置，尽量减少占用空间，也力求在有限的空间内，尽量多地收集雨水。储存箱进水口处设置浮球阀，当储存箱内水面达到一定高度则雨水不再进入储存箱，仍通过落水管排走。

整个雨水收集设施与建筑排水相结合，将屋顶原本需要排走的雨水收集在阳台上，而无法收集更多时则将其排出。在雨洪管理系统中，这就是“储存池”的概念，在城市雨洪过程中，储存池对减少洪峰具有非常明显的作用，而对于家庭来说，利用收集的雨水是较为经济的方式。

4.1.4.2 雨水的利用方式：阳台花园和菜园

将阳台改造为花园（图 4.1）、蔬菜园（图 4.2）、水池（图 4.3）和汀步。水池采用整体的钢板结构，结合种植槽的形状，嵌入整体结构中，可避免水池渗水情况的发生。另

外，通过控制雨水储存箱的水阀，可增添水池的水量。种植槽由钢板制成，放置在雨水储存箱的上方，布置在阳台四周，这样既节省空间，又可使植物充分接受阳光。种植槽内放置可拆卸的种植箱，便于后期清理维护。种植箱旁堆积轻质多孔的上水石，设计成小型跌水，通过管道和小型水泵就可以实现良好的景观效果。跌水、水池和储水箱三者连通，跌水可增加水含氧量，保证了水中所养游鱼对水质的要求。游鱼和跌水不仅可提供娱乐，还可维护水质，避免收集的雨水中蚊蝇滋生。面向花园的卧室外墙面和温室顶部由木格栅构建，以便垂直绿化，使空间的尺度和质感更加宜人，并调节进入温室内的光线。

由于阳台无法进行防水工程的改造，设计者在水池、储水箱、种植箱等下方均设有2～3cm高的垫块，其彼此之间又均为相对独立的结构，仅由管道输送雨水，这样的设计不会破坏阳台原有的防水设计。种植箱底部有渗水的小孔，在其上铺设无纺布后，再放入土壤种植植物，可利于植物根部呼吸。种植箱底部渗出的水均利用阳台原有的排水装置，通过2～3cm垫高的空间，进入落水管，而不会对水池、储水箱等结构造成影响。

图4.1 阳台花园

尽管结构相同，但2个阳台花园选用植物材料完全不同。在蔬菜园中，需要对种植槽中不同蔬菜的色彩、高度、形态、习性进行选取，利于四季可以轮作种植。在芳香园中，选用亚热带的芳香植物，例如栀子花、桂花、夜来香、茉莉、白兰、薄荷等。这些植物为卧室创造了一个芳香的休息环境。

阳台花园成为室外环境与室内环境的缓冲区域。炎热的夏天，室外高温的空气经过花园后温度降低，使得室内空气更加凉爽；严寒的冬季，室外寒冷干燥的空气经过花园的升温和加湿，使室内更加保温和舒适。同时，花园成了主人室内空间向室外的延伸，在高密度的城市中，独享属于自己的绿色空间，体会生产性景观的乐趣和艺术。

图4.2 阳台蔬菜园

图4.3 阳台水池

4.1.4.3 雨水的利用方式：生态墙

上水石生态水景墙，由钢板构成主要框架，内侧与墙体连接稳固，外侧挂以多孔隙石灰岩，上水石墙外侧上端布置溢水槽，由循环水泵通过输水管将水送至溢水槽，向上水石淋灌雨水，墙下端设置与钢板一体化的水池，水池外侧为木制坐凳，水池底部布置循环水泵。该墙充分发挥了上水石优良的吸水性，幕墙所占空间小，与空气接触面积大，能维持墙体潮湿，发挥其散发湿气、自然降温的作用。由于上水石材质较轻，不需要对地板进行额外的加固处理，而且该生态墙是一个整体结构，不需要额外做防水处理。

利用上水石多孔渗水的特征，墙体吸收和滞留墙顶流下的水分，同时上水石也能给苔藓和岩生植物提供生长环境，从而使整个墙体成为一个气候的调节器。在炎热的夏季，蕴含水分的墙体蒸发可带来阵阵清凉，替代室内空调的使用；在干燥的冬季，带来充沛的湿气；墙体上的岩生植被，可散发出大自然的芬芳。

4.1.4.4 利用自然通风和阳光，乐享低碳生活

阳台的温室罩面用玻璃和遮阳格栅结合而成，以便控制光线进入的强度。窗户可以手动开启，便于空气流通。采用风压和热压相结合的方式，巧妙地利用屋顶，引导自然风进入阳台和室内。另外，屋顶安装太阳能光热板，收集的太阳辐射可用于提供家庭厨房及洗浴需要的热水。

雨水、风和太阳能等自然元素，免费构建了家庭水生态基础设施，将一个高能耗的住宅建筑转化为绿色低碳、舒适的居家环境。

4.1.5 案例工程实施效果

4.1.5.1 生态效益

经过 7 年多的实验，改造的设想基本得到了实现，节能和改善环境的效益明显，2 个阳台收集的雨水每年可达 52m^3 左右。

4.1.5.2 经济效益

阳台的生产性景观，创造了良好的经济效益，生产的蔬菜为家庭餐桌提供了新鲜的美味，与此同时，由于夏季不开空调，且秋冬不开加湿器，还可节约用电量。

4.1.5.3 社会效益

通过雨水收集、太阳能和生态墙的设计，用极低的投入，将一个耗能建筑，改造为低碳绿色建筑，有效地降低了能源的损耗，同时提供了具有生产功能的舒适居住环境，营造了低碳的生活方式。

4.1.5.4 建议

未来的家庭水生态基础设施，需要更加科学化的管理。若希望雨水持续供应，则需要根据当地的降雨量、雨水收集面积、水日需求量等数据，精确计算雨水储存箱的容量。对单一家庭来说，建立一套家庭水生态基础设施较为困难，可考虑几户人家共享一套设施，会更加经济高效，且对于促进社区邻里关系有着积极的作用。

【单元探索】

了解家庭海绵技术的主要内容、设计理念和方法。

单元4.2 绿色屋顶技术

【单元导航】

问题1：我国海绵城市为什么要采用绿色屋顶技术？

问题2：绿色屋顶技术的主要内容包括什么？

问题3：绿色屋顶的设计理念和目标是什么？

问题4：案例4.2的技术措施是什么？

问题5：案例4.2建成后的实施效果如何？

【单元解析】

为了使绿色屋顶技术能达到蓄水、排水、通风、保温、隔热、阻根等效果，可将植物种植在容器内，此种植容器结构从下至上依次为：蓄水层、阻根层、过滤层、排水层、水分供给系统、营养基质层、植物层。在蓄水层可通过具有孔洞的导管将水供给植物，以保证在长时间无雨条件下植物的水分供应。

【案例4.2】

4.2.1 案例概况与现状问题

某建筑历史较长，屋顶为旧屋面，需要依据建筑规范对其进行重新估算荷载数据，并且旧建筑对于荷载以及防水的要求都会非常高。

4.2.2 案例设计理念和目标

在设计概念方面，运用了“人与自然”和谐共处的方式，遵循人性化设计原则：在屋顶设置绿植形成屋顶花园，兼顾功能与美观，合理划分区域，同时较少设置障碍物，使人能够近距离触摸绿植，与自然融为一体，在休息区设置休息座椅及太阳伞，采用绿植墙对屋顶构建中的空调板进行遮挡，绿植区主要采用高低不同植物的搭配营造多层绿植景观。

4.2.3 案例关键技术措施

4.2.3.1 设计方面

（1）为了合理分散屋顶景观荷载，使屋顶绿化对整体建筑安全传力，需先对屋面结构进行详细分析，将廊架、高大乔木种植池等景观元素尽量规划到建筑的承重结构部位，比如承重的梁、柱、墙体。

（2）为避免容器底部造成积水、污染和水分外流，达到有效收集雨水，需将相邻两容器的排水通风槽互相连接，形成通路。

（3）利用原有建筑外沿做排水沿沟处理，能够迅速排出屋面多余水分，保证屋顶安全。

4.2.3.2 施工方面

（1）实地勘测屋顶现场状况，详细测量之后进行数据汇总，提前放样。

（2）清扫屋顶表面和清除杂物。

（3）设置水平基准点桩，便于屋面找平。

（4）按照水电布置图预埋给水管和电线。

（5）制作并铺设防腐木骨架，刷防腐面漆。

（6）将种植容器按设计摆放，并在容器内部铺设无纺布过滤层。

（7）按照规范进行池壁装饰、安装垂直绿化墙。

（8）均匀铺设绿植栽培介质层。

（9）种植植物，对高大植物做固定处理。

（10）裸露部分铺设覆盖物。

（11）设置绿植给水系统。

4.2.4 案例工程实施效果

4.2.4.1 生态效益

通过屋顶种植植被可以吸收 CO_2，过滤空气中的有害颗粒物，达到净化空气的效果，调节城市的温度和湿度；缓解暴雨所造成的积水、洪涝及其他灾害；有利于海绵城市建设，减少城市地表径流。因此，屋顶绿化不仅能够改善城市景观，更能达到与环境协调、共存、发展的目的。

4.2.4.2 经济效益

屋顶绿化往往在防水层之上进行，实际是对防水层形成了保护，有效延长防水层寿命2～3倍，相应减少了房屋的维修费用。

4.2.4.3 社会效益

屋顶绿化的建设增加了城市绿地面积，是对建筑破坏自然生态的直接补偿办法。据联合国的一项研究表明，如果一个城市的屋顶绿化率达到70%以上，城市上空 CO_2 含量将下降80%。屋顶绿化能够充实城市景观体系，形成城市立体绿化，屋顶正逐渐改善整个城市的面貌。所以，屋顶绿化还具有重要的社会效益。

4.2.4.4 人文效益

屋顶绿化拓展了人的活动空间，能够提供新的人群交往场所。国际上提出的“绿视率”的理论，认为绿色的分布面积在人的视野中达到25%时，人的精神感觉最舒服，大脑的反应最敏捷，对健康也最有益。所以，绿植能调节人的神经系统，能缓解紧张、消除疲劳，相应的工作热情和效率也会提高。

【单元探索】

了解绿色屋顶技术的设计理念和关键措施。

单元4.3 透水砖铺技术

【单元导航】

问题1：透水砖铺技术需要满足的要求是什么？

问题2：案例4.3的设计理念和目标各是什么？

问题3：案例4.3的关键技术措施是什么？

问题4：案例4.3建成后的实施效果如何？

【单元解析】

透水砖铺装技术在道路工程中的应用是建设海绵城市的一项重要技术措施。透水性人行道结构在满足行人通行承载力的前提下，还应满足透水、储水的功能，同时还要满足抗冻性要求。

【案例4.3】

4.3.1 案例概况、设计理念与目标

为增加城市透水、透气空间，改善城市生态环境，需要按照“生态、环保、和谐、可持续发展”的设计施工理念，将某街道的人行道进行翻建，全部采用环保型透水砖结构进行铺装。此道路全长5km。

4.3.2 案例关键技术措施

4.3.2.1 透水性人行道结构层设计

（1）结构层总厚度。根据相关规定，透水地面的最低设计标准应达到2年一遇的暴雨强度下，持续降雨60min人行道表面不产生径流；透水性人行道在保水7d后的路面结构整体承载能力还应满足人群荷载设计的要求，即不小于5kPa；透水性人行道下的土基渗透系数应不小于1.0×10^{-4}cm/s，且渗透面距离地下水应大于1.0m；透水砖、透水基层的有效孔隙率应不小于15%，渗透系数不小于1.0×10^{-2}cm/s；考虑城市地区的降雨强度、降雨持续时间、土基平均渗透系数及结构层平均有效孔隙率，确定某街道人行道翻建工程的结构厚度为39cm。

（2）抗冻厚度验算。综合考虑此街道所处地区的季节性、土基潮湿类型、道路宽度、路面材料及基层混合料的物理性能，经测算，确定路面抗冻最小厚度为35cm左右。

（3）结构层组合设计。综合考虑道路承载能力、透水、储水能力及抗冻性的要求，此街道透水性人行道翻建设计结构层总厚度为39cm，结构见表4.1。

表4.1 水砖铺装结构

部位	材料	规格/cm	备注
面层	防滑透水步道砖	25×50×7	最佳透水性能
找平层	1∶5透水砂浆	1.5～4.5	
基层	C15透水混凝土	27.5～30.5	

透水人行道施工前应调查地下管线的分布情况，对于有防水要求的管线需提前做好防护设施；对于特殊部位，如井盖、树池、交通设施基础等障碍物周边，不能铺装整块透水砖的，可进行切割；若实在不能铺设透水砖的部位，则可用混凝土进行浇筑，表面按砖缝进行修整。

4.3.2.2 材料与施工要求

（1）面层。透水砖应具备高透水性，同时还要具备一定的承载力、抗磨耗性、保水性及抗冻性，其各项性能指标应符合《城市道路混凝土路面砖》（DB11/T 52—2003）和《透水砖》（JC/T 945—2005）的规定。此街道透水性人行道选用的是25cm×50cm×7cm的水泥混凝土透水砖。经检测，产品的平均孔隙率大于15%，透水系数（15℃）不小于1.0×10^{-2}cm/s，抗压强度等级为C50，磨坑长度小于35mm，保水性大于0.6g/cm，经过25次冻融循环后抗压强度损失率小于20%，完全满足透水及强度等方面的要求。

透水砖在铺设前应布设高程控制网，严格按控制网高程进行铺设；铺设过程中，应根

据控制网边线和标准缝宽计算铺设样板砖，铺设时从缘石侧向外按设计坡度进行施工，且不得在新铺设的砖面上拌和砂浆或堆放材料；铺设过程中要随时检查透水砖安装是否牢固平整，坡度、缝宽、纵横缝直顺度是否符合设计要求等。

（2）找平层。找平层作为面层和基层之间的连接层，需要为面层形成紧密嵌锁结构提供基础条件。因此，其所用材料的质量均应符合规范设计要求，且保证其混合物在施工过程中的“干硬性”，使其黏结力和透水性能达到最佳。

（3）基层。基层是整个道路结构的承重层和暂时储水层，因此，其材料必须满足承载能力、水稳定性和储水能力的要求。按规定，透水水泥混凝土强度指标 $R_7 \geqslant 15.0$MPa，有效孔隙率不小于 15%；水灰比 0.38 左右，水泥用量 245～270kg/m^3，碎石用量 1600kg/m^3；集料压碎值不大于 26%，颗粒含量不大于 7%。施工过程中，要保证透水水泥混凝土满足设计要求的同时还要满足透水性；摊铺时，厚度小于 20cm 可一次摊铺，超过则需分层摊铺，同时还要考虑压实预留高度；振捣时间不宜超过 10s，严禁漏振过振；浇筑完成后要及时养护，一般不少于 7d；当透水混凝土基层大面积施工时，还要设置纵横温度缝和施工缝，间距 5.5～10m，板缝正交设置，板块不宜出现锐角，缝宽 5～10mm。

（4）土基。土基是透水砖人行道的最下层，其稳定性直接影响结构稳定性，因此其渗透系数和强度以及浸水后的承载力是必须考虑的。按规定：透水性人行道下土基渗透系数应不小于 1.0×10^{-4}cm/s，且渗透面距离地下水位应大于 1.0m。土基必须密实、均匀、稳定，同时其顶面压实度应达到 90%（重型压实标准），同时为保证渗透性，不宜超过 93%，且在浸水饱和后，回弹模量应不小于 15MPa。施工时要检测土基的高度、宽度、纵横坡度、压实度及平整度，遇有特殊土质的土基，需按设计要求进行处理。

4.3.3　案例工程实施效果

此街道透水性人行道通行以来，面层透水砖平整、稳固，经过雨季雨水的冲刷和下渗，冬季雪水的冻胀和熔融，未出现错台、积泥等病害。在降雨天气，表面基本无积水，极大提高了沿线居民雨天步行的舒适性和安全性。

【单元探索】

了解透水砖铺技术的满足要求、设计理念和关键措施。

单元 4.4　下沉式绿地技术

【单元导航】

问题 1：我国海绵城市为什么要采用下沉式绿地技术？

问题 2：下沉式绿地技术的设计方法是什么？

问题 3：案例 4.4 的设计参数如何选取？

问题 4：案例 4.4 的年径流总量控制率和年径流污染控制率的计算方法是什么？

问题 5：案例 4.4 建成后的实施效果如何？

【单元解析】

下沉式绿地可广泛应用于城市建筑与住宅小区、道路、绿地和广场内，具有适用区域广、易与景观结合、径流控制效果好以及建设维护费用低的特点。本单元根据住房和城乡建设部发布的《海绵城市建设技术指南（试行）》及《海绵城市建设绩效评价与考核指标（试行）》，定量分析某下沉式绿地的海绵城市效益。通过分析影响设施年净流总量控制率的主要设计参数，为海绵城市的设计应用提供参考。

【案例 4.4】

4.4.1 案例概况和设计目标

某公园内下沉式绿地的实施，将低影响开发和雨水管渠系统结合到一起，采用“绿色＋灰色”的复合方案，缓解排水压力。设施汇水区域主要包括园区内道路、广场、建筑及周边的市政道路。

4.4.2 关键技术措施

本工程共设置4个下沉式绿地区段，主要收集市政道路、园区道路及设施周边区域的雨水径流，周边园区及市政道路标高约4.2m，溢流口标高3.8m，下沉式绿地底部标高3.4m，设施种植土层深0.3m，碎石排水层0.3m，下设防渗土工布。

周边园区内道路及绿地广场径流利用线性排水沟收集后进入下沉式绿地，周边市政道路雨水径流经雨水口内截流装置截流后进入下沉式绿地，设施底部设置碎石排水层，下渗径流通过排水层内盲管快速排出，经排水盲管收集的下渗径流可作为周边绿化浇灌用水，或者直接排入市政管网。暴雨情况下，如径流来不及下渗，则通过绿地上方设置溢流口直接排入附近市政管网。下沉式绿地的构造从上到下依次为雨水调节空间、蓄水层、种植土层、碎石排水层、复合人工布。

根据《海绵城市建设技术指南（试行）》及《海绵城市建设绩效评价与考核指标（试行）》要求，径流总量、径流峰值和径流污染是低影响开发雨水系统的主要规划控制目标。本案例以年径流总量和年径流污染控制率2个指标，定量分析设施径流总量、径流污染控制目标，进而评价设施海绵城市效益。

4.4.2.1 计算方法

下沉式绿地的雨水调蓄容积包括有效调蓄容积 V_s 和调节容积 V_d，雨水调节空间对应设施调节容积 V_d。设施有效调蓄容积 V_s 包括设施顶部和结构内部蓄水容积，计算方法见式（4.1）。

$$V_s = V_1 + V_2 \tag{4.1}$$

式中　V_s——设施有效调蓄容积，m^3；

V_1、V_2——设施顶部和结构内部蓄水容积，与蓄水层、种植土层相对应，m^3。

渗透设施的下渗量 W_p 可由式（4.2）估算得到。

$$W_p = KJA_st_s \tag{4.2}$$

式中　W_p——渗透设施径流下渗量，m^3；

K——土壤渗透系数，m/s，本设施种植土渗透系数为 1.17×10^{-5} m/s；

J——水力坡降；

A_s——有效渗透面积，m^2；

t_s——降雨过程中设施的渗透历时，s。

设施径流控制能力可由单位面积径流控制量衡量，由式（4.3）计算得到。

$$q=\frac{V}{A_s}=\frac{H\psi F_0}{1000A_s} \tag{4.3}$$

式中 q——单位面积径流控制量，m；

V——设施调蓄容积，m^3，包括设施有效存储容积和下渗量，$V=V_s+W_p$；

H——设计降雨量，mm；

ψ——综合径流系数，可通过不同地面种类加权平均计算得到；

F_0——设施总汇水面积，m^2。

4.4.2.2 设施设计参数的选取

由式（4.3）可知，设计降雨量 H 为

$$H=\frac{1000qA_s}{F_0\psi}=1000\alpha q/\psi \tag{4.4}$$

式中 α——设施服务面积比，%。

当径流总量控制目标一定（即设计降雨量为定值）时，由式（4.4）可知，设施服务面积比 α 和单位面积径流控制量 q 是影响设施年径流总量的主要设计参数。

根据式（4.3）推导得出设施设计单位面积径流控制量 q_s：

$$q_s=\frac{V}{A_s}\approx\frac{h_sA_s+h_1A_sN+KJA_st_s}{A_s}=h_s+h_1N+KJt_s \tag{4.5}$$

式中 h_s——设施有效蓄水深度，m；

h_1——设施种植土层深度，m；

N——土壤孔隙率，%。

由式（4.5）可知，q_s 与有效渗透面积无关，设施有效蓄水深度 h_s、种植土层深度 h_1 及种植土壤物理性质是影响单位面积径流控制量的主要因素，其中 h_s 是决定性因素。式（4.5）中 h_s、h_1N 和 KJt_s 分别表征设施的顶部蓄水能力、结构内部储水能力及下渗性能，对于非渗透设施而言，KJt_s 项近似为 0，可以不予考虑。

4.4.2.3 年径流污染控制率

年径流污染控制是低影响开发雨水系统的控制目标之一。下沉式绿地、雨水花园等低影响开发设施均可有效去除径流中 SS，去除率为 67%～99%。估算年 SS 总量削减率由下述方法得到：

年 SS 总量削减率＝年径流总量控制率×低影响开发设施对 SS 的平均削减率

4.4.3 总结

设施服务面积比 α、单位面积径流控制量 q_s 是影响设施年径流总量控制率的重要设计参数，设施有效蓄水深度 h_s 影响 q_s 的决定性因素。设计应用时，通过合理选取 α 与 h_s 实现设施径流总量控制目标。

【单元探索】

了解下沉式绿地技术的设计方法和设计参数的选取，以及年径流总量控制率、年径流

污染控制率的计算方法。

单元4.5 雨水花园技术

【单元导航】

问题1：我国海绵城市为什么要采用雨水花园技术？

问题2：雨水花园技术的主要内容包括什么？

问题3：雨水花园技术的设计理念是什么？

问题4：案例4.5的技术措施是什么？

问题5：案例4.5建成后的实施效果如何？

【单元解析】

雨水花园作为构建海绵城市体系中的主要应用技术，重点突出了其对自然雨水的吸收、存储、渗透、过滤、净化以及再利用的城市水生态体系构建过程，旨在通过自然雨水资源的科学循环利用，创建城市新型的生态景观，促进城市建设的良性发展。

【案例4.5】

4.5.1 案例概况

北方老城区内某老居住区，包含多栋住宅楼、多家企事业单位、学校、商贸市场等，涉及单位多、棚户多，设施老旧，其居住和工业用途混杂，环境质量较差，水生态功能脆弱，改造难度大。

整个地块中铺装、屋面、绿地、宅院和水面的用地面积分别为11657m^2、14404m^2、383m^2、1312m^2和83m^2，总地块面积约2.78hm^2，地势西高东低，南高北低。主要铺装形式为混凝土水泥铺装、不透水荷兰砖、沥青等不透水铺装，现状无透水铺装。铺装在居民小区所占比例较大，且较为老旧。地块内多台阶台地，地形复杂多变，被院墙分隔为许多小地块，形成大小若干积水点。这些积水点轻则下雨时形成水洼，重则造成交通不便。

4.5.2 案例现状问题

由于建造年代较久，老居住区的地块仅有污水管线，没有布置雨水管线，且地面无雨水口，造成雨水设施严重缺失，部分建筑缺少雨水管。下雨时雨水无法及时疏导，主要以散排的形式无组织的流向各处，在地势低洼处形成水洼，为交通带来不便，居民生活环境品质下降，同时也浪费雨水资源，无法进行利用。

居住区小区居民楼多层建筑部分存在外表墙皮破损脱落、部分位置缺少雨水管等问题，平房面积占比较大，无雨水管，屋面雨水无组织散排，建筑的排水同样存在问题。

4.5.3 案例设计理念和目标

雨水花园是微观层次中的重要元素，是海绵城市的小气孔，在调蓄雨洪方面具有一定的作用，应与其他生态基础措施结合。此案例对雨水花园的定位有较好的体现：第一，雨水花园对雨水的处理调蓄有较好的作用，但由于其局限性，不能处处都建，建造雨水花园是有条件的；第二，如果只运用雨水花园作为雨洪管理的处理手法是远远不够的，应当结合其他生态基础设施的构建，共同完成海绵工程的打造；第三，雨水花园绿色基础设施，应当结合灰色基础设施共同发挥作用，共同为海绵城市效力。

4.5.4 案例关键技术措施

4.5.4.1 计算现状综合径流系数，设定现状年径流总量控制率等相关数据

小区地块中不同用地面积分别与对应的雨水利用系数的乘积之和再除以总用地面积，得到现状综合径流系数，为0.84，计算过程如下：

$$(14404\times0.9+11657\times0.8+1312\times0.8+383\times0.2+83\times1.0)/27839=0.84$$

则地块的年径流总量控制率为16%，目标年径流总量控制率为75%，目标设计降雨量为27.4mm。

4.5.4.2 划分区域，分析数据，确定方案

雨水花园等生态基础设施的设计和分布是要通过计算和分析的，才能让雨水的处理设施更好地发挥效果，需将设计范围进一步划分，将区域进一步缩小。结合积水点分布和径流流向分析（图4.4），将地块划分为7个小型汇水区（图4.5）。

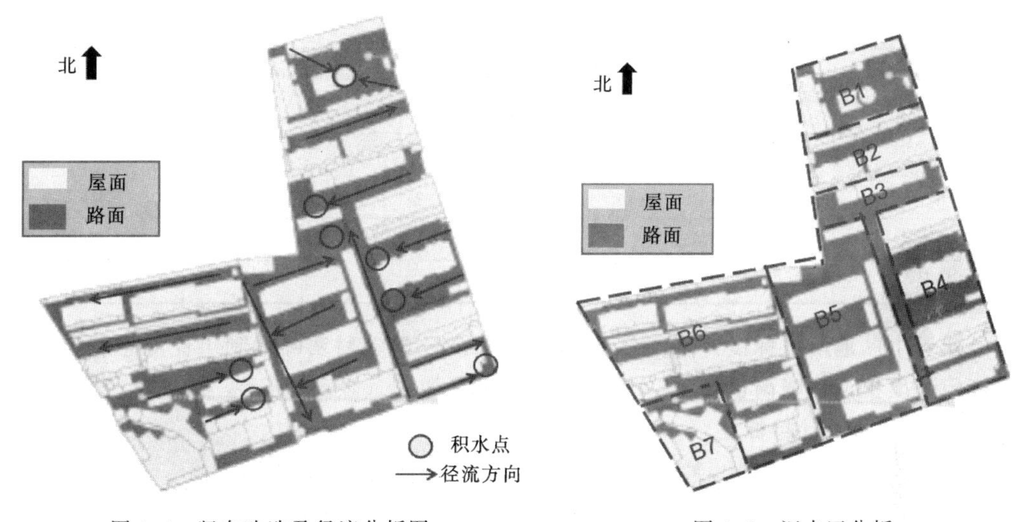

图4.4 竖向改造及径流分析图

图4.5 汇水区分析

雨水花园的选址，通常要考虑四个因素，分别为地下水、地形、土壤与建筑物的关系。本小区的绿地主要分布在地块的东北角，占比较低，所以雨水花园的分布受到局限，小区海绵系统的建立应与其他生态基础设施相结合。分析后确立方案，见图4.6。

4.5.4.3 数据分析

设计方案中各项数据的统计和计算，见表4.2和表4.3。

径流控制总量根据式（4.6）计算得出。

$$V=10H\phi F \tag{4.6}$$

式中 V——径流控制总量，m^3；

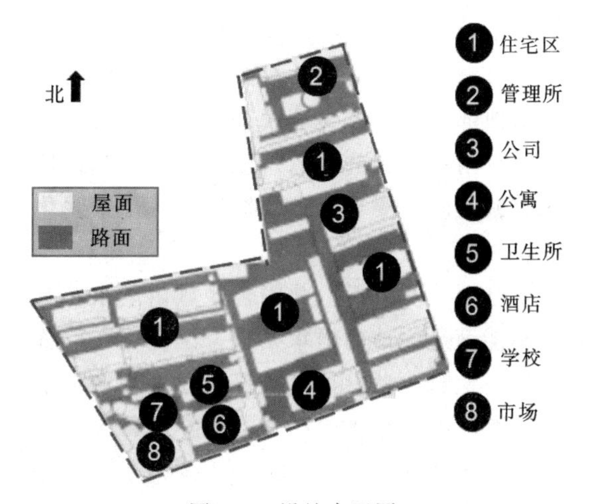

图4.6 设施布置图

H——目标设计降雨量，mm；

ϕ——各项用地加权平均计算得出；

F——地块总面积，hm^2。

表 4.2　　设计地块数据分析表

项目	地块汇水分区/m^3	项目	地块汇水分区/m^3
绿地	1847	截水沟调蓄池	180
屋面	14404	总面积	27839
透水铺装	5555	综合径流系数	0.73
不透水铺装	4541	径流控制总量	559
庭院及死角	1312		

表 4.3　　地块调蓄容积数据分析

序号	海绵设施	数量/m^3	调蓄深度/m	调蓄容积/m^3
1	高位花坛	43	0.15	6.5
2	下沉绿地	1121	0.10	11.2
3	雨水花园	683	0.30	204.9
4	调蓄池	59	1.20	70.8
总计				293.4

已知老小区地块目标设计降雨量 H 为 27.4mm。改造后实际达到年径流总量控制率，根据容积法反推设计降雨量为 14.5 mm，计算过程如式（4.7）所示，对应年径流总量控制率小于 75%（设计目标）。

$$H=V/(10\phi F)=293.4/(10\times 0.73\times 2.78)=14.5(\text{mm}) \tag{4.7}$$

综上，目前的设计难以达到设计目标。因此，应根据现状实际情况适当降低年径流总量控制率目标。

4.5.4.4 小区东北角雨水花园设计

雨水花园位于老小区地块东北角，中间部分稍低，四周稍高，中央部分为积水点。由图 4.7 可知，雨水花园处在四面有建筑包围的中庭中央，周围是硬质铺装，老旧开裂，中央的绿地部分基本成为堆放杂物的场所。根据考察，本区域的地下水位不高，土壤改良后可以进行雨水花园的建造。经过分析，此地地形、土壤、地下水和建筑物关系均符合建造雨水花园的硬性要求，且此地需要一个景观化供人休闲的场所，故适宜在此进行雨水花园的建设。

根据现状及分析，此围合区域内雨水花园的面积有限，经过计算得知，单一的雨水花园并不能满足此地的雨水要求，因此，在设置雨水花园的基础上，设置透水铺装和下沉绿地，经过计算，此设计基本符合此区域的雨水处理需求。

雨水花园的结构包括 200～300mm 蓄水层、50～100mm 覆盖层、250～1200mm 换土层、100mm 砂层、250～300mm 砾石层（内含 DN100～150 穿孔排水管）、溢流竖管六个部分，这样设计较符合雨水花园的设计要求和此地的现场状况（图 4.8）。其中，换土层经过换土后，可达到雨水花园的基本要求。

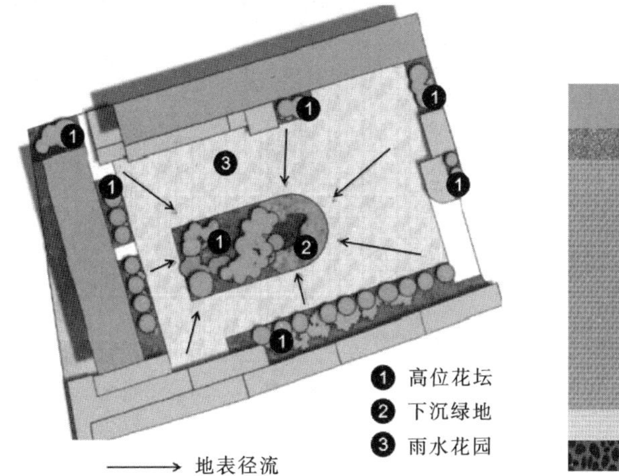

图4.7 雨水花园平面图

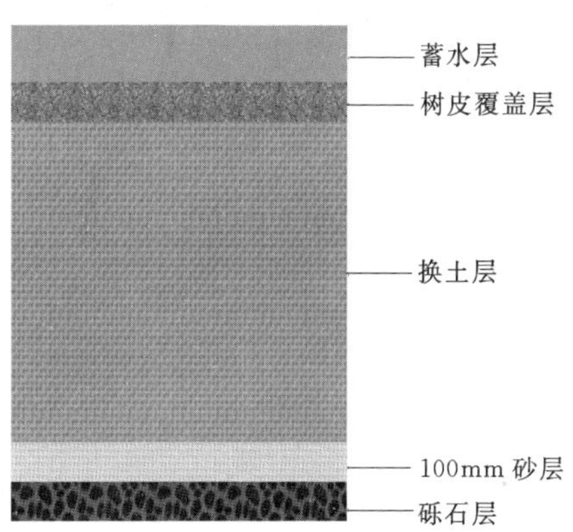

图4.8 雨水花园结构

植物选取乔木、灌木、草本结合的方式，使设计更有层次感，富有韵律，同时可以使雨水花园的效率得到提升。乔木选用樱花，灌木选用大叶黄杨、金叶女贞、月季等，草本选用马蔺、八宝景天、紫花地丁、狼尾草，早熟禾等。色彩搭配得当，四季变化分明，较为美观。

雨水花园四周的地形平整后，将雨水汇入雨水花园，雨水花园的周围设置透水铺装和生态草沟（图4.9、图4.10）。雨水花园总体效果图如图4.11所示。

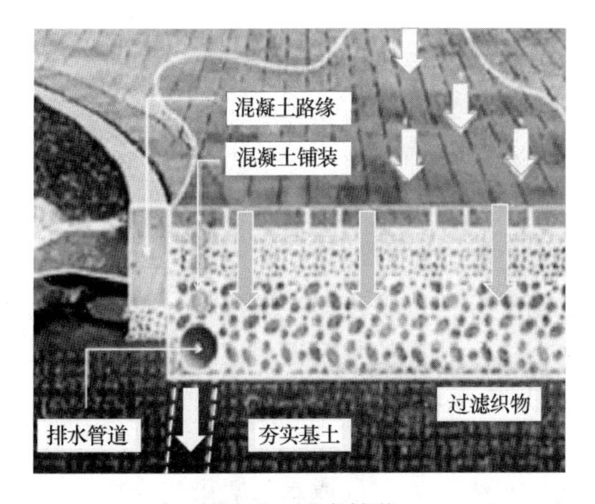

图4.9 透水铺装

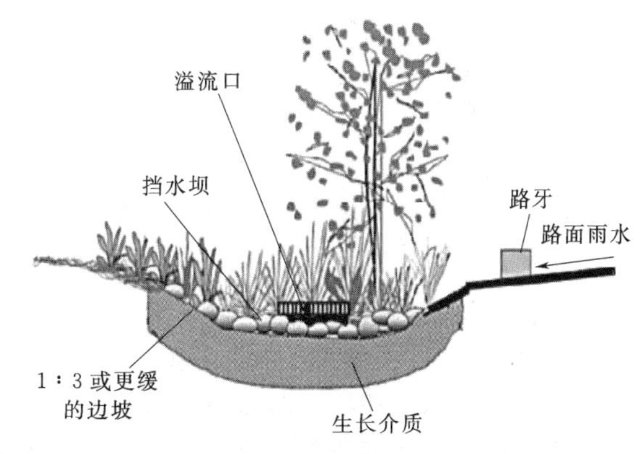

图4.10 生态草沟

4.5.5 案例工程实施效果

雨水花园的建立，在居民区中可以及时地在降雨过程中实现对雨水的收集以及向地下的渗透，并利用这些收集到的雨水进行植物的灌溉等，在节约资源的基础上为城市的稳定提供了条件。此案例的实施在较大程度上改善了小区内一旦遇到大雨或者暴雨天气产生的水涝情况，方便了居民的居住和出行。另外，小区地块东北角的雨水花园为小区的居民生活增加了新的景观，为小区的空气新鲜和环境优美作出了一定贡献。

图 4.11 雨水花园效果图

【单元探索】

了解雨水花园技术的主要内容、设计理念和设计方法。

单元 4.6 城市雨洪管理滞蓄技术

【单元导航】

问题 1：我国海绵城市为什么要采用城市雨洪管理滞蓄技术?

问题 2：城市雨洪管理滞蓄技术的主要内容包括什么?

问题 3：城市雨洪管理滞蓄技术的设计理念是什么?

问题 4：案例 4.6 的技术措施是什么?

问题 5：案例 4.6 建成后的实施效果如何?

【单元解析】

城市雨洪管理滞蓄技术将中国传统的陂塘蓄水系统、桑基鱼塘技术、堰坝技术进行提升，并与当代雨水生态边沟和潜流湿地净化等技术相结合，配合短距离市政管网，构成源头雨洪滞蓄、净化和地下水回补的成套系统。

(1) 以雨洪安全格局为基础，构建“集水城区－汇水湿地”的“绿色海绵”综合体。

该项技术是对场地内整个降雨过程（特别是暴雨等极端降雨过程）进行把控，以雨洪安全格局为基础，进一步划定由“集水城区－汇水湿地”组成的具有镶套式结构的“绿色海绵综合体”。以满足蓄滞水量平衡为目标，整体规划集水城区与汇水湿地。

(2) 低成本填挖技术形成“海绵地形”。

在规划的汇水湿地范围内，采用填挖技术，就地平衡土方，低成本创造雨污水净化过滤区、雨洪水蓄滞区，形成“海绵地形”。这一技术，一方面是创造多级湿地系统的地形基础，同时为下一步营造多样化的生物栖息地与游憩空间提供环境基础；另一方面，极大地节约建造成本。

(3) 利用堰坝技术，构建“水质净化－蓄滞水－地下水回补”的多级多功能湿地系统。

采用先处理后入渗的多级湿地系统对我国城市雨水初期径流的危害有抑制作用，可提高雨水利用的可能。该系统主要是整合潜流和表流湿地技术，进行土壤和生物净化，将净化后的雨水汇入低洼湿地，补充地下水。按照“水质净化人工湿地—蓄滞人工湿地—地下水回补与生物多样性恢复湿地”这一顺序依次构造 3 类湿地系统，提供多种生态系统服务。

需要强调的是，相比于其他生态化雨洪设施建设技术，城市雨洪滞蓄技术更加兼容并蓄和综合。从技术构成上来讲，它兼具种植沟、过滤缓冲带、池塘、生物滞留池、渗透池以及人工湿地中潜流湿地等雨洪技术的综合效果，避免工程依赖性，让自然做功，营造环境引导自然修复和演替过程；同时吸取了我国传统洪涝适应性景观营造技术的精髓，例如陂塘、桑基鱼塘技术。陂塘串联可数倍放大小型陂塘对水体的调节作用，不仅分流单个陂塘在雨季洪峰时所面临的陡然压力，更把多余水体调节到相邻区域，实现水源在不同时空内的储备和调节，从而实现雨污净化、旱涝调蓄、生物多样性保护、文化服务等多种生态系统服务。

【案例 4.6】

4.6.1 案例概况

某市新开发区，预计将有 30 万人居住，总占地 34 万 m^2，其中 16.4%的城市土地被规划为永久的绿色空间，原先大部分的平坦地面将被混凝土覆盖。

4.6.2 案例现状问题

新开发区原有一块湿地保护区，需要设计成一个公园，但受周边道路建设和高密度城市发展的影响，湿地面积逐年缩减、环境退化，遭到严重威胁。建设公园会面临两大难题：一是场地所在地区年降水量为 567 mm，60%～70%集中在夏季，公园的设计需要能够应对洪涝频繁的问题；二是如何保护该湿地并提高其品质。

4.6.3 案例设计理念和目标

在公园的设计中，“城市雨洪管理绿色海绵技术”的全面应用改变了为保护而保护的单一目标，而是从解决城市问题出发，利用城市雨洪，将公园转化为城市雨洪公园，让自然湿地成为城市的生态基础设施，从而为城市提供多重生态系统服务：它可以收集、净化和储存雨水，经过湿地净化后的雨水补充地下水含水层；受雨水的浸润，可以使茂盛的乡土环境在城市中央繁衍；同时，通过巧妙设计，可以将雨洪公园成为市民休憩的良好去处，并带动城市发展。

4.6.4 案例关键技术措施

4.6.4.1 雨洪淹没分析与集水、汇水区规划

经过雨洪淹没分析，明确场地降雨径流过程所需的关键性空间格局（雨洪安全格局），基于此格局建立湿地系统的圈层保护模式，在现状场地核心区（原生湿地）与外围城市建成区之间建立缓冲区（人工湿地），达到对外界不良生态干扰的屏蔽，以及对场地内部原生湿地的保护和过渡，并为下一步湿地系统环境营造和恢复奠定基础。

基于水量平衡计算，可以明确城市集水区面积、汇水湿地规模以及布局，确定整体雨水利用方案。公园可以作为新开发区集水区域的低洼汇水区域。整个区域雨水收集分为 2 部分，一部分为湿地公园场地本身的雨水收集，汇水面积约为 34hm^2；另一部分为湿地公园北部待建用地的雨水收集，包括北部规划的文化娱乐及居住用地雨水和与公园场地相连的道路雨水的收集，汇水面积约为 15hm^2。同时，通过与市政的排水雨水管道的结合，将

方圆10倍于场地面积的建成区雨水也汇入公园。湿地公园场地本身收集的雨水直接用于场地内部的原生湿地和外围的人工湿地，当雨水量大时，收集到的雨水会随着场地的设计地势由外向内流，最终流入大面积的原生湿地区域。外围的环形管道通过支管连接人工湿地泡，同时人工湿地泡之间，也设置有连通管和过滤层，实现雨水由场地外侧向场地内部收集和过滤的过程。收集的雨水直接利用于人工湿地当中，当雨水量大时，雨水会随地势由人工湿地流向内部原生湿地区域，以此达到雨水的充分利用。

4.6.4.2 原生湿地系统保护

保留湿地现状的基本植物群落特征、场地内的原有水域及中心埂道，在恢复设计中加以保护及利用，尽可能减少对场地现状的改动，以形成湿地景观的原生性。水是湿地的根本，湿地生态系统依赖于水文循环和水流的动力学机制，水量的恢复及水源的保证是湿地生态系统建立的基本条件。因此以场地现状地表径流分析为依据，设计场地的3级淹没区域，建立湿地生态水网格局。保留原有水域，并在各级径流的汇流处形成放大的水域。依据湿地环境的不同需求，在一级汇水区域上建造湿地的永久性水域、二级和三级淹没区设计间歇水域，见表4.4。永久性水域和间歇性水域，其湿地环境恢复条件不同。

表4.4 天然湿地淹没分级表

分级	汇水面积/m^2	平均水深/m	总水量/m^3
一级淹没区	10653.61	2.5	75790.03
二级淹没区	73148.5	1.5	132213.32
三级淹没区	115995.2	0.8	165409.79

4.6.4.3 “海绵地形”构建

在缓冲区采用填挖方技术就地平衡土方，一凹一凸，深浅不一，高低错落的海绵地形既节约成本，又有利于形成丰富的湿地环境和体验空间。

人工湿地系统由众多的湿地泡组成。依据“边缘效应”的生态学原理，众多湿地泡有着比单一同等面积水域更丰富的生态效益。人工湿地有着较多的人为干预，通过人为的建造，容易形成良好的湿地景观和丰富的动植物资源；同时人工湿地的健康发展，将为内部的原生湿地带来丰富的物种资源与良好的环境条件，促进内部原生湿地的良性恢复及健康发展。

海绵地形位于原生湿地外围，形成丰富的景观空间层次，有效地在视线、噪音上削弱来自城市的影响。海绵地形由众多的小地形组成，与周边道路有3～4m不等的竖向高差，以及美丽的天际线，让游赏于其中的人群感受不同的趣味空间，有着不同的空间体验；同时设计有观景平台，人们可站在高处的丛林中观赏原生的湿地景观。

4.6.4.4 “水质净化-蓄滞水-地下水回补”多级多功能湿地系统

“海绵地形”是城市雨水进入原生湿地的过滤带。沿湿地四周布置雨水进水管，收集新城市区的雨水，使其经过水泡系统，沉淀和过滤后进入核心区的自然湿地。具有雨水净化功能的湿地泡集中在场地外围区域，分布于不同的高程上，使雨水由外围向内部汇聚：泡状湿地相比于同样面积的大水面会给场地带来更大的边缘效应、隔离效应和生态效益，为水体净化、多种鸟类和生物的栖息创造条件。多个高程上的湿地泡依据水量不同设计出不同的植物群落以净化雨水，有旱生植物群落、旱生+湿生植物群落、湿生植物群落，从而形成一个多种生物群落的湿地系统。

此外，在项目场地与城市交接的边缘处设计有宽 2m 的砂砾带，它不仅是散步、慢跑、健身的场所，同时可以有效净化从马路流往湿地内部的雨水。

4.6.4.5　多类型环境修复

原生湿地系统保护和人工湿地系统建设时，已经基于径流分析、淹没分析和水量分配开启了整个湿地环境系统的自我修复过程。在整体湿地系统和环境基础构建完成的基础上，进行进一步的生物环境营造和修复策略，见表 4.5。

表 4.5　湿地动物群落多样性构建

阶段	内容	类型	动物种类
第一步	培养第一级消费者	浮游动物和底栖昆虫	中国圆田螺、东北田螺、耳萝卜螺、圆顶珠蚌、东北鳌虾、中华颤蚓、夹杂带丝蚓、褶纹冠蚌、中华小长臂虾、秀丽白虾
第二步	培养第二级消费者	鱼类和两栖类	黑斑狗带、鳇鱼、鲤鱼、鲫鱼、哲罗鱼、细鳞雨、鳜鱼、泥鳅、东北小鲵、花背蟾蜍、中华大蟾蜍、中国林蛙、黑龙江林蛙
第三步	培养第三级消费者	爬行类	黄脊游蛇、户斑游蛇、鳖
第四步	培养第四级消费者	鸟类	凤头鹏鹛、鸬鹚、草鹭、大白鹭、大天鹅、针尾鸭、鸳鸯、普通秋沙鸭

4.6.4.6　游憩空间营造

在“海绵地形”之上架设环跨场地外围的空中栈桥，形成科普和游览的路线。空中栈桥联系着 2 处观景塔、6 个主题观景盒及多处湿地观景台，形成丰富的空中体验廊道。空中栈桥架空于场地之上，时而穿行于台地的丛林中，时而置身于洼地的湿地泡之上，形成从各个角度观看湿地的空中连续走廊；同时，空中栈桥具有科普游览教育的功能，让人们在观赏的同时了解并认识湿地；观景塔分别位于场地的西北角和东南角，是湿地公园的标志性构筑物，为人们提供了观看原生湿地景观的最高视点，俯瞰内部湿地；观景盒分别以芦苇、泥土、石材、木材、钢材、砖为原料，取自场地及地方特色元素，以展现湿地公园的地方精神，景观盒均架于地形之上，向内部湿地延伸，高架栈桥和步道路网还连接了一系列休憩平台，供人休息。

4.6.5　案例工程实施效果

本案例是城市中心海绵体营造及其效果观察的一个实验，运用中国农业传统中的桑基鱼塘技术，对城市低洼地进行简单的填挖方处理，营造了城市中心的雨洪公园。结果表明，用 10%的城市用地就可以解决城市内涝问题，同时发挥综合的生态系统服务，包括提供乡土生物栖息地，城市休憩以及提升城市的品质和价值。

4.6.5.1　生态效益

雨洪公园的设计，一方面将雨水引入公园，让自然做功，承接雨水，以减轻洪涝灾害，同时，过滤和净化城市地表径流，补充地下水；另一方面，接纳的雨水滋养了湿地，使湿地重现昔日风采。项目建成后，直接消纳周边的雨水，同时，通过与局部市政排水管道相接，有效消纳周边的雨水。

4.6.5.2 社会效益

公园虽然管理简单，但植被日益丰富。附近居民摘野菜，孩童观察小动物和植物、戏水、聚会、摄影等活动自发产生。在公园整体环境的评价中“世外桃源”“亲近自然”“人工痕迹少”“野趣”“空气好”等词常被提及。运动健身活动的场地需求较为明显，且工作日、休息日各时段的活动需求较为稳定。湿地公园已经成为周围居民运动健身的最佳场地。

4.6.5.3 经济效益

雨洪公园的经济效益集中体现在 3 个方面：第一，不同于常规市政工程的方法解决城市内涝，用 10%的城市用地作为低维护、低投入的绿色海绵体，可以有效解决雨涝问题，大大节约了市政基础设施的投资；第二，海绵体本身具有综合的生态系统服务功能，使城市土地的效用得到最有效的发挥，而由于对雨水——“财水”的充分利用，使城市的绿化维护成本大大减少；第三，由于雨洪公园的建成，周边土地价值升高。

【单元探索】

了解城市雨洪管理滞蓄技术的主要内容、设计理念和方法。

单元 4.7 与洪水为友技术

【单元导航】

问题 1：我国海绵城市为什么要采用与洪水为友技术?

问题 2：与洪水为友技术的主要内容包括什么?

问题 3：与洪水为友技术设计理念和目标是什么?

问题 4：案例 4.7 的技术措施是什么?

问题 5：案例 4.7 建成后的实施效果如何?

【单元解析】

与洪水为友的水弹性技术模块强调人对水的适应，要与洪水共进退，用富有弹性的土地利用设计，代替钢筋水泥的灰色防洪设施。首先要给洪水留足空间，这需要对洪水过程有科学的认识，通过分析和模拟，确定水安全红线；其次，让茂密的乡土植被与地形结合，形成富有弹性的防洪堤。这样的生态防洪会随着时间的推移，而变得更加有效和具有可持续性，而不是用高高的水泥防洪大堤挤压洪水空间，那将与自然力形成没有任何弹性的对抗战，结果功亏一篑。

(1) 基于景观安全格局方法，识别影响洪水自然过程的空间和位置。

基于景观安全格局方法及 Geodesign 平台，利用径流模型和数字高程模型模拟洪水自然径流过程及低洼地区的汇流过程，识别影响洪水自然过程的河道缓冲带及关键湿地，即明确不同重现期的洪水淹没线（5 年一遇，10 年一遇，100 年一遇）、邻近的低洼地以及湿地区域，留出可供调、滞、蓄洪的河道缓冲区和湿地，通过控制这些对于洪水自然过程具有关键意义的区域和空间位置，最大程度减少洪涝灾害程度。

(2) 结合乡土植被和地形，保护和恢复河流自然形态，形成与洪水重现期相适应的弹性生态防洪景观。

蜿蜒曲折的河道形态、植被茂密的河岸、起伏多变的河床，都有利于降低河水流速、消减洪水的破坏力。设计中打破传统的单一河道“加速”断面（即单一标高和横断面），采用乡土植被与起伏多变的地形相结合，形成亦堤亦丘的多标高和多种断面的弹性生态防洪堤岸设计，减缓水流的同时形成丰富的景观。

(3) 构建内河湿地，形成生态化的旱涝调节系统和乡土环境。

河流两侧的自然湿地如同海绵，调节河水之丰俭，缓解旱涝之灾害。基于洪水过程模拟，明确河流周边滞洪湿地规模和格局，构建一个具有良好的旱涝调蓄作用的内河湿地系统。一方面沿河的湿地能够使径流过程变得平缓，大大削减洪峰流量，起到雨季滞蓄洪水的作用，同时旱季可进行补水；另一方面为乡土物种提供了多样化的栖息地，同时创造丰富的生物景观，为休闲活动创造资源。

【案例 4.7】

4.7.1 案例概况

某公园位于某江的右岸，临近城市主要出入口，总用地面积为 21.3 万 m^2。面对洪水威胁、水质污染、河道渠化的问题，公园在设计及施工中增加了与洪水为友的水弹性技术模块，将滨河缓冲带等自然生态系统作为生态防洪设施，提升城市的洪水适应能力，同时实现蓄滞洪水、文化游憩等多种生态系统服务。

4.7.2 案例现状问题

由于长久以来的围垦造田（尤其是旱田）和“填河填湖”等，某江水文过程发生了极大的变化，逐步演变成为人工管理下的工程化河流，逐渐丧失了自然泛洪、泄洪、生物等栖息功能。同时，河道硬化和渠化等工程措施，也导致河流动力过程的改变和恶化，水质严重恶化，两岸植被和生物栖息地被破坏，休闲价值损毁。公园作为某江生态廊道的重要节点，对于此江的防洪功能和自然、社会及文化有重大意义。

4.7.3 案例设计理念和目标

如何以最经济的途径，把以防洪为单一目的的硬化河道，恢复为与洪水为友的多功能水弹性景观，便成为该设计的主要目标。公园还以“与洪水为友”的理念为指导，采用了水弹性的设计策略，将防洪与景观功能很好地结合在一起。

4.7.4 案例关键技术措施

4.7.4.1 洪水过程模拟，确定不同重现期的洪水淹没区

从流域整体出发，借助 GIS 分析和模拟手段，模拟洪水的自然径流过程以及在低洼地带的汇流过程，明确不同重现期的洪水淹没区，识别洪水过程的关键湿地和河道格局。

4.7.4.2 停止河道渠化工程，恢复和保护河流自然形态

对于尚未渠化和硬化的河堤，根据新的防洪过水量要求，保留江岸的沙洲和苇丛以作为防风浪的障物，并保留和恢复滨水带的湿地；完全用土来做堤，并放缓堤岸护坡至 1∶3 以下；部分地段扩大浅水滩地形成滞流区或人工湿地、浅潭，为鱼类和多种水生生物提供栖息地、繁育环境和洪水期间的庇护所；进行河床处理，造成深槽和浅滩，形成鱼礁坡并种植乡土物种，构建人可以接近江水的界面。

对已经硬化和渠化的河段，进行生态修复。具体做法包括砸掉水泥硬岸，退后防洪

堤，恢复河床深浅不一的地形，局部易被冲刷河段保留原有防洪堤基础，此上部分全部改为土坡，种植乡土植物。

江堤的设计改变了通常的单一标高和横断面的做法，而是结合起伏多变的地形，形成亦堤亦丘的多标高和多种断面的设计，提供丰富的景观感受。

4.7.4.3 营造内河湿地系统

在公园的设计中，防洪堤的外侧营建了一条带状的内河湿地。这条内河湿地平行于江面，而水位标高在江面之上，旱季则利用公园东端的闸补充清水，雨季可关闭闸，使内河湿地成为滞洪区。尽管公园的内河湿地仅 $2hm^2$ 左右，相对于此流域的防洪滞洪来说，无异于杯水车薪，但如果沿江都能形成连续的湿地系统，必将形成一个区域性的、生态化的旱涝调节系统。这样一个内河湿地系统也为乡土物种提供了一个栖息地，创造了丰富的生物景观，为休闲活动提供场所，提升河流的社会文化价值。

4.7.4.4 适应性乡土植物配置

针对场地水位的变化特征，配植以适应性强、生命力强的乡土植被。

（1）河漫滩湿地：在1年一遇的水位线以下，由丰富多样的乡土水生和湿生植物构成，包括芦苇、菖蒲、千屈菜等；

（2）河滨芒草种群：在1年一遇的水位线与5年一遇的水位线之间，用当地的九节芒构成单优势种群。九节芒是巩固土堤的优良草本，场地内原有大量九节芒杂乱无章地分布，人较难进入种植区域。经过设计的芒草种群疏密有致，形成安全而充满野趣的空间。

（3）江堤疏林草地：在5年一遇的水位线和10年一遇的水位线之间，用当地的狗牙根作为地被草种，上面点缀乌桕等乡土乔木，形成一个观景和驻足休憩的边界场所，在其间设置一些座椅和平台广场。

（4）堤内密林带：结合地形，由竹、乌桕、无患子、桂花等乡土植物构成密林，分割出堤内和堤外2个体验空间。堤外面向江水，是外向型空间，堤内围绕内河湿地形成一个内敛的半封闭空间。

（5）内河湿地：由观赏性较好的乡土湿生植物，如旱伞草、荷花、菖蒲、千屈菜等构成。

（6）滨河疏林草地：沿内河两侧分布，给使用者提供一个观赏内湖湿地和驻足休憩的边界场所。

（7）公园边界：在公园的西边界和北边界，繁忙的公路给公园环境带来不利的影响，为减少干扰，用香樟等树种构成浓密的边界林带，使公园有一个安静的环境。

4.7.5 案例工程实施效果

本案例秉承与洪水为友的理念，砸掉了以单一防洪为目标的水泥防洪堤，取而代之以缓坡入水的生态防洪堤，恢复河道的深潭浅滩，与洪水相适应，引入大量乡土植物，使河流生态系统得以修复，并成为城市居民喜欢的休憩地。

4.7.5.1 生态效益

（1）自然过程的保护和恢复：长达2km的江水岸恢复了自然形态，沿岸湿地系统得到了修复与完善。

（2）形成了一条内河湿地系统，对流域的防洪滞洪起到积极作用。

（3）生物过程的保护和促进：保留滨水带的芦苇、菖蒲等种群，大量应用乡土物种进行河堤的防护，在滨江地带形成了多样化的环境系统，初步形成了物种丰富多样的生物群落。

4.7.5.2　社会效益

为广大市民提供了一个富有特色的休闲环境，如江滨的芒草、横跨内河湿地的栈桥、野草掩映的景观等，使人们快乐地享受着公园的美景和自然的服务。

【单元探索】

了解与洪水为友技术的主要内容、设计理念和技术措施。

单元 4.8　加强人工湿地净化技术

【单元导航】

问题 1：我国海绵城市为什么要采用加强型人工湿地净化技术？

问题 2：加强人工湿地净化技术的主要内容包括什么？

问题 3：加强人工湿地净化技术的设计理念和目标是什么？

问题 4：案例 4.8 的技术措施是什么？

问题 5：案例 4.8 建成后的实施效果如何？

【单元解析】

加强型城市人工湿地水生态净化系统是梯田湿地曝气跌水和景观墙复合的净化设施，既有效解决了面源污染水净化难题，又避免了常规污水处理工艺可能产生的二次污染问题。同时，可以形成美丽的公园。与传统的污水处理系统以及目前国内外普遍采用的“多塘-湿地耦合系统”（包括表流系统和潜流系统）和“沉淀池-促渗草坪系统”相比，加强型城市人工湿地水生态净化系统将景观作为生命系统，在城市中建立高效、复合功能的湿地净化系统，将严重污染的劣Ⅴ类水体或中水水质提升一到两级，达到地表水标准Ⅲ类。

（1）该系统从农民造梯田的智慧中汲取灵感，把水处理系统做成梯田系统。梯田是最好的水土保持和施肥技术，施肥的过程经过梯田这一人工生态系统就是水污染净化的过程。人工曝气是提高污水中溶解氧浓度的方法，起到净化效果，一方面通过水中氧分子的氧化作用将水中有机物氧化而予以去除；另一方面通过给水中加氧，满足水中微生物和植物生长的需求，提高污染物移除的自然速率，这一曝气过程在本系统中通过景观墙来实现。景观墙是高 2～3 m、表面凹凸不平的跌水墙，把水引到墙体顶部水槽内，然后水由槽内沿石墙落下，在跌落的过程中跌落水流与下一级的水体接触时，液面呈剧烈的搅动状，使空气卷入，达到充氧的目的。

（2）该系统采用以乡土生物链和乡土生物栖息地为主体的“非工程性”措施，运用食物链生态学原理，从食物链最底层开始，构建一个完整的金字塔食物链，成为多种乡土生物的栖息地，以保障湿地净化系统的稳定性。根据单一或少量动物、微生物作为反应器进行污水净化的研究和实践较多，但将整个食物链予以考虑的做法较少。该项技术中以增强湿地净化效果为目的，考虑湿地生态系统的食物链组成与结构，合理配置湿地动物种类，使污染物像其他任何物质一样在湿地内按照食物链上不同营养级的等级进行吸收、循环、转化、降解。同时，湿地介于水体和陆地之间，它的动物群落包括鸟类、兽类、爬行类、两栖类、软体动物、鱼类等，这些动物群落及其环境形成了一个整体的水生生态系统，构成完整食物链循环。任何一个环节出现问题或遭到破坏，将会殃及其他与之有联系的环节，从而切断系统的能量流、物质流和信息流，湿地的生态功能将不复存在。因此，在整个规划中，乡土生物链的完整性放在首要位置，保证系统净化功能的有效性和乡土生物栖息地的稳定性。

（3）在植物配置上，选用了可收获的作物、养护成本低的乡土物种，在净化水质的同时，将营养转化为食物和纤维产品，并且乡土物种更适宜当地气候条件，极大地节约了养护成本。

（4）与科普教育和城市公园建设相结合，占地少，适合于人口稠密的城市区域的复合型面源污染治理。将景观作为复合的生命系统，在完成湿地净化功能的同时满足城市公园的多种功能，如曝气跌水，既是景观也是曝气装置，并与科普教育相结合，通过观察可取得一手经验数据。相对于众多大规模城郊湿地净化项目，此技术更能解决面积小、污染源较多和人类干扰大为特点的人口稠密区城市湿地净化需求。

【案例4.8】

4.8.1 案例概况

某公园位于某江的东岸，为狭长的滨江地带，总用地面积14万m^2。

4.8.2 案例现状问题

公园作为江边的公共绿地，存在下述诸多问题，对于设计具有一定挑战性。

4.8.2.1 严重的水土污染

场地原为工业棕地，工业固体垃圾和建筑垃圾遍地，且埋藏很深，土壤污染严重，特别是黄浦江水污染严重，为劣Ⅴ类水。场地原有废弃地被外来物种（一枝黄花）入侵，一派荒芜景象。如何改造环境，营造安全、健康的公共空间是设计面临的第一大挑战。

4.8.2.2 滨江防洪

场地地势相对平坦，大部分场地标高为4～7m。现状的防洪墙为水泥硬化工程，防汛墙的设计标高为千年一遇的防洪标准6.7m。而黄浦江的平均潮位为2.24m，平均高潮位3.29m，平均低潮位1.19m。也就是说，江水与防洪堤的高差为3.4～5.5m，其中有高差为2.1m的潮间带。如果放坡处理，必然泥泞不堪，且需要有足够的空间；如果是硬化的陡墙处理，则水在江岸，却难以亲水。如何满足防洪要求，设计亲水且生态效益好的滨江公共空间，是设计面临的第二大挑战。

4.8.2.3 会时与会后场地的双重需求

公园承接各大游览活动，人流量大且集中。如何合理组织人流交通，协调好分流、等候与疏散的关系，成为设计面临的重要难题。

公园在承接游览活动时，功能定位偏向于生态城市理念的展示、安全疏散、游憩、等候等功能；非接待时则突出城市滨江公共绿地的功能。如何在设计时考虑相关弹性措施使其既能满足大型游览活动时绿地的要求，又能方便、经济地转化为会后的城市湿地公园，成为设计面临的另一大挑战。

4.8.2.4 个性、审美与体验

如何使场地在大都市的光怪陆离和园区的眼花缭乱中找到与众不同的个性，以及在满足生态功能与人流疏散、教育和展示功能的同时，具有独特的审美体验，是本设计面临的又一巨大挑战。

4.8.3 案例设计理念和目标

本案例建立一个可以复制的水系统生态净化模式，它吸取农业文明的造田和灌田智慧，让自然做功，形成低碳和负碳城市景观，为解决当下中国和世界的水环境问题提供一个可以借鉴的样板，创立新的公园建造和管理模式。它生动地注解了“城市让生活更美好”的上海世博理念，向世界表达着中国的环境危机意识以及面对危机努力寻求解决途径的信念。

4.8.4 案例关键技术措施

4.8.4.1 内河人工净化湿地

加强型城市人工湿地净化系统技术全套应用在了公园的内河中。内河净化湿地位于场地的中间层，整体功能突出湿地作为自然栖息地和水生系统的净化功能、生产以及审美启智等功能，是公园的核心。

（1）取水过滤区域。江水水质污染严重，并且水位每天均有变化。根据勘察设计，从土质构造、土层结构特性、土壤的渗透系数、土建条件要求以及景观等角度全面考虑，采用渗渠加集水井取水的方案，保证水量充足。经内滩湿地净化后的水质必须同时满足《生活杂用水水质标准》（CJ/T 48—1999）中杂用水水质和《地表水环境质量标准》（GB 3838—2002）中人体非直接接触的娱乐用水水质（Ⅳ类）的要求，相关重复的指标按照较高要求执行。设计处理能力可达到 2700 t/d。

在生态水系外滩开挖一条长约 60m、宽约 4m 的渗入水渠，通过砾石、粗砂、细砂等材料，使江水处于最低水位时也能渗入水渠（取水口位置标高低于低潮位 1.19m），然后进入集水井，保证江水位最低时也能使江水从渗渠或集水井四周渗入井中，防止堵塞，并通过水泵抽水，然后进入预处理池。

（2）预处理池区域。预处理池具有蓄水、沉淀、过滤作用，将污泥排出。

（3）曝气跌水净化与景观墙。预处理池出来的水继续进入长约 200m、高约 2m 的跌瀑水景石墙的引水槽内。然后由水槽沿石墙向下缓慢落水，跌水墙表面凹凸不平产生水花以利于曝气，长时间的污水流冲使石墙表面自然形成一层生物膜，也起到污水曝气作用。水流入梯田生态净化区的同时也营造了一个景色别致的瀑布水景墙。

（4）梯田生态净化区。来自落水墙的水对梯田进行灌溉，同时利用梯田高差，对江水进行层层过滤净化。梯田按植物床净化原理设计，植物床选择砂质土壤层、滤沙层、煤渣层、粗砂层和砾石层，共 5 层过滤层，在砾石层中布置收集江水管网装置。种植吸污能力强、向根部输氧能力强，根系对介质穿透能力强且景观效果好的植物。

（5）土壤过滤和生物净化。污水中不易被植物吸收的有机组织体，通过土壤过滤被滞留在土壤中，通过微生物的好氧与厌氧反应过程，将其分解为易被植物吸收的无机盐和气体，然后被植物吸收或者释放到空气中，从而除去水体中化学污染物。配合植物根系，利用多层异质土壤对悬浮物进行拦截沉降。植物种植侧重于植物根部输氧能力、根系对介质

穿透能力和植物的协同进化能力。

（6）重金属净化。重金属净化过程主要通过水生植物吸附、富集有毒有害物质，如重金属铅、镉、汞、砷等，其吸收积累能力为：沉水植物＞漂浮植物＞挺水植物；不同部位浓缩作用也不同，一般为：根＞茎＞叶。植物配置的原则以沉水植物为主，以漂浮和浮叶植物为辅。动物配置主要为能够食用含重金属离子的动物，如本地产虾类、螺、蚌、鱼和浮游动物或食藻虫。此过程同时有利于湿地底部微地形的产生，丰富水下生物栖息地。

（7）病原体净化。一方面，一些水生植物可以从根部释放抗生素，当污水经过这些水生植物时，一系列病原体（如大肠杆菌、沙门氏菌属和肠球菌等）被去除；另一方面，水生植物可以把鱼类粪便作为肥料加以吸收，消除了病原体的繁殖场所。动物为以湿地植物为食，且活动范围较大能够分散病原体，如虾类、螺、蚌、鱼和浮游动物或食藻虫。

（8）营养物净化。当污染的水流经时，植物在水中吸收一定量N、P等营养物质，供其生长发育。水中无机磷、氨氮被植物直接摄取，转化为植物的蛋白质、有机氮、ATP、PNA等有机成分，通过鱼类摄食与植物定期收割予以去除。生根植物直接从土壤中去除N、P等营养物质，而浮水植物则在水中去除营养物质。土壤需要孔隙度小，以便能够保水保肥。植物配置侧重于对水体中TN、TP含量的降低，漂浮植物对N的吸收率高，浮水植物偏重于P的吸收，挺水植物则兼而有之。动物以水体微生物为食，对N和P的吸收量大，可延长食物链的降解作用，如虾类、螺、蚌、鱼和浮游动物或食藻虫。选择微生物以繁殖对N和P具有较强吸收能力的微生物为主。

（9）植物综合净化区。利用水生植物中的抗污染先锋种，通过生物操控调节食物链网，促进水体自净。一般水底深为2.2（最低水位）～3.29m（平均高水位），植物耐淹性有永久性和间歇性水淹。选择种植对各种污染物有综合吸收能力的植物，或各种植物交错种植。土壤配置选用对水中悬浮颗粒的吸附和沉降作用强的土壤。植物配置侧重于净化作用的全面性，水生植物群落的完整性，以及净化能力在季节上的衔接。动物配置鱼类、虾类、蚌类、食藻虫以及其他湿地动物，保证湿地的生物多样性。

（10）水质稳定调节区。经过一系列过滤净化后的江水，水质基本达到使用要求。为保持水质稳定，可在水体中增设曝气增氧设施，包括源泉、喷泉，提高水体含氧量，为动植物提供良好的生存环境，维护水体内生态系统稳定。土壤配置侧重提供各类水生植物的不同土质环境。植物配置强调水生植物群落综合水质调节作用，但同植物综合净化区相比，更侧重于观赏性。动物配置侧重完善水生动物多样性，保证食物链的完整有序，以虾类、螺、蚌、鱼和浮游动物或食藻虫为主。微生物要种类丰富、生物降解能力强、以维持生物群落食物链稳定性。

（11）砾石生物净化及清水蓄水。利用砾石滩区石砾孔隙以及间隙微生物形成生物膜，通过微生物进一步净化水质，最后清水流入水景池，供人使用和休闲。

4.8.4.2 水生植物种植与管理

人工湿地对有机物有较强的净化能力，生活污水中的有机物通过湿地的过滤、沉淀和微生物分解等作用，对BOD、COD的去除能力可达80%以上。通过正确的设计和植物选择，可使人工湿地发挥很好的生态功能。上海世博后滩公园的湿地植物景观带主要由各种当地乡土植物组成，如耐湿乔木、湿生植物、挺水植物、浮水植物、沉水植物等，将其按照一定的空间布局共同构成一个完整的湿地植物群落，形成一个完整的水体过滤净化系统（表 4.6）。

表 4.6　　水生植物的分区种植名称、面积、数量表

功能区	植物名称	种植面积/m^3	数量	备注
梯田净化区	水稻	300		水田，旱田各约一半
	菱		1000 株	
	莲		500 株	
	芡实	2200		
	茨菇	2000 2000	3800 株	
	小麦（大豆）			
	油菜（向日葵，玉米）			
	美人蕉	300	1000 株	梯田沿岸
	黄菖蒲		2500 株	
植物综合净化区	石菖蒲	400	1200 株	湿地沿岸 1.5～2m
	金叶黄菖蒲		4500 株	
	金线水葱	600	25000 株	环绕中心水区
	轮叶黑藻	2400	4000 丛	中心水区
	菹草		5000 棵	
	睡莲	3000	150 株	除挺水区以外区域，但中心区相对疏植
	王莲		150 株	
	满江红	4500	120000 株	漂浮于绝大部分水面
土壤过滤净化区	芦苇	2500	32000 株	均匀间植于场地
	茭白		500 株	
	灯芯草		500 株	
	水烛		11000 株	
重金属净化区	芦苇	1800	18000 株	湿地外围 4.5m 范围
	伊乐藻	2800	6000 丛	中心水区
	轮叶黑藻		3600 丛	
	聚草		5500 株	
	眼子菜		7900 株	
	金鱼藻		18000 丛	
	水鳖	5800	1100 株	漂浮于绝大部分水面
	满江红		60000 株	

续表

功能区	植物名称	种植面积/m^3	数量	备注
病原体净化区	密花千屈菜	1300	5400 株	湿地外围 5m 范围
	小香蒲		10500 株	
	花叶芦苇		6600 株	
	伊乐藻	2100	3300 丛	中心水区
	菹草		3300 棵	
	满江红	4200	165000 株	漂浮于绝大部分水面
水质稳定调节区	美人蕉	750	2200 株	近岸处 2m 以内
	黄菖蒲		5500 株	
	金叶欧洲芦苇	850	32000 株	湿地外围 2～5m 范围
	微齿眼子菜	2200	13500 株	中心水区
	伊乐藻		2600 丛	
	满江红	4500	64000 株	漂浮于绝大部分水面
	水鳖		850 株	
	石菖蒲	200	640 株	湿地沿岸 1.5～2m
	金叶黄菖蒲		1400 株	
	金线水葱	225	4500 株	环绕中心水区
	梭鱼草		1600 株	
	轮叶黑藻	900	1500 丛	中心水区
	菹草		1600 棵	
	睡莲	1150	55 株	除挺水区以外区域，但中心区相对疏植
	王莲		55 株	
	满江红	300	95000 株	漂浮于绝大部分水面

由于富营养是江水的主要特征，生产性作物也大量在公园中轮作，用于营养物的吸收，其生产的过程就是水净化过程。水生植物的生物体是很好的饲料和肥料。在检验没有重金属污染后，可作为饲料；如果有重金属污染，可作为纤维植物的肥料。芦苇是很好的造纸材料和建筑材料、燃料等，及时收割芦苇是净化湿地系统维护不可或缺的组成部分，以避免二次污染。

为满足不同水生植物的生长，设计控制不动标高的水位：

（1）近岸挺水区水深不得深于 40cm，一般控制在 15～35cm。

（2）中部挺水区水深为 40～60cm，不得超过 70cm。

（3）沉水区深度不得超过 1.5m。

（4）浮水植物水深，睡莲区不得超过 80cm，王莲区不得超过 100cm。

4.8.4.3　水生动物的放养和培育

生态平衡是动态平衡，一个稳定的生态系统除了植物群落外，动物群落同样不可或缺，水生生态系统也不例外，水生动物对于系统稳定、食物链构成以及生态环境的维持等多方面起着重要的作用。规划后的湿地表现出的景观有林地、滩地、浅水区湿地、深水区湿地等，不同的湿地景观体现了植物群落的多样性，即动物的环境多样性，从而决定了动物多样性。

动物放养原则：一是以上海地区本地种为主，适当添加能适应当地气候和水质的外来种；二是兼顾经济、景观、生态 3 方面因素，从群落构建与生态系统稳定性上综合考虑，见表 4.7～表 4.9。

表 4.7　主要鱼类

名称	规格	数量	单位
白鲢	15～18cm	1000	尾
鳙鱼	10～12cm	600	尾
花鲈	8～15cm	100	尾
鳊鱼	10～18cm	100	kg
花骨	8～12cm	100	尾
鳜鱼	0.5kg/尾	60	kg
乌鳢	0.5kg/尾	60	尾
青鱼	1.0kg/尾	60	尾
草鱼	1.0kg/尾	100	尾
胭脂鱼	8～12cm	1000	尾
食蚊鱼	3～4cm	200	尾
斗鱼	5～6cm	1000	尾
清道夫	3～4cm	3000	尾
翘嘴鲌	10～15cm	100	尾
麦穗鱼	3～4cm	100	尾
中华鳑鲏	3～4cm	100	尾

表 4.8　主要甲壳类

名称	规格	数量	单位
青虾	3～5cm	20	kg
米虾	3～5cm	50	kg
溪虾	2～3cm	1500	只

表 4.9　主要底栖生物

名称	规格	数量	单位
萝卜螺	1000 只/kg	100	kg

续表

名　称	规　格	数　量	单　位
环棱螺	300只/kg	600	kg
三角帆蚌	8～10cm	5000	只
无齿蚌	6～8cm	2500	只
河蚬	2～3cm	5000	只

4.8.4.4 休憩节点与步行网络

对于城市来说，人工净化湿地系统不仅提供了美景和游憩的空间，更应该成为一个展示生态文明理念和生态教育的窗口。而这一目标的实现，则是通过巧妙而艺术的多个节点和一个连贯的步道网络来实现。

节点包括3种类型：

(1) 密致的体块。由树阵或竹丛构成块状实体布置在步道线上，分隔出步行游览的空间。

(2) 围合的容器。由树丛围合成可供展示或休息的围合的容器，它们用于展示当代艺术和来源于场地的旧机器等。

(3) 开敞的广场与平台包括南端的"凉台问渠"、公园中部的"空中花园"(综合服务中心)、"水门码头""清潭粉荷"等广场，供人聚会之用。这些节点与步道网络相结合，常有步道从中穿过，创造出独特的空间体验。

公园的步道网络是一个弹性的适应性系统：

(1) 它需要同时适应会展期间和会后的人流需要。

(2) 适应地形，由于防洪需要和内河谷地营造，创造了丰富的空间，多样的步道设计使游客们能体验到江岸之宽阔、溪谷之幽深、凌空跨越、曲折穿越等多种感受。

(3) 与湿地和植被相呼应，步道系统大量使用了架空和半架空的栈道和平台，也注重与植物高度、密度变化的配合，使行人更贴近自然又有丰富的体验。将审美启智与生态教育发生于潜移默化之中。

4.8.5 案例工程实施效果

此案例中，利用内河人工湿地带对受污染的江水进行生态水质净化。内河湿地净化带长1.7km，宽5～30m，采用了加强型人工湿地净化技术，共分为贴跌水墙曝气设施、沙砾滩过滤区、植物综合净化区、植物床净化区、梯田过滤净化区、重金属净化区、病原体净化区、营养物净化区和水质稳定调节区。江水进入人工湿地后，随梯田高度和植物高低的落差逐级下渗，经过层层过滤，从劣Ⅴ类水提升为Ⅲ类水，设计的湿地水体净化处理能力为$2400m^3/d$。

4.8.5.1 生态效益

通过加强型人工湿地净化技术模块，每日净化污染的河水$2400m^3$。将水质从Ⅴ类水净化成Ⅲ类，即适合于景观绿化用水和景观水体游憩用水。处理后的水不仅可以提供给公园做水景循环用水，还可以满足公园每日绿化浇灌、道路冲洗和其他生活杂用水的需要。水质净化设计的原理是遵循自然湿地净化的机理来设计人工湿地的结构，其中，水质净化过程中的多种元素，均可作为美的景观。

4.8.5.2 经济效益

通过再利用和改造公园工业遗址，将场地的砖石用于铺地，节约了近2.9万元的材料费。相比其他公园工程造价，节省成本约70元/m^2；相比世博会其他公园绿化管理和维护成本，每年可节省成本约3元/m^2。公园生产性景观包含小麦、向日葵、玉米、油菜花和黄豆等，每年生产总价估算值可达1万多元。

4.8.5.3 社会效益

公园场地3.5km长的游憩步道串联各级湿地景观，景观变化多样、游憩效果明显。在设计和施工过程中共获得多个国家设计专利。

【单元探索】

了解加强型人工湿地净化技术的主要内容、设计理念和技术措施。

单元4.9 “污水”到“肥水”技术

【单元导航】

问题1：我国海绵城市为什么要采用“污水”到“肥水”技术？

问题2：“污水”到“肥水”技术的主要内容包括什么？

问题3：“污水”到“肥水”技术的设计理念和目标是什么？

问题4：案例4.9的技术措施是什么？

问题5：案例4.9建成后的实施效果如何？

【单元解析】

“污水”到“肥水”技术作为一种雨污净化的手段，在具体方法和细节上与湿地净化过程有很多相同之处。本技术中更多需要强调的是雨污净化过程与生产过程的结合，生态景观与生产性景观的融合。它不仅仅是一种对自然系统生态服务功能的利用，更是一种人类社会生产与自然系统关系的重塑。

（1）让生产性景观进城。

在城市设计和建设中提倡发挥雨水、富营养化河水与湖水的生产功能，其前提是重视城市中的生产性景观。现行的城市规划者和决策者们大都认为，以农田为代表的生产性景观是农村的象征，是落后生产力的表现，是不美的景观，与先进的城市文明格格不入。决策者们一般不容许城市建成区内还保留着农业社会时代的气息，即使有部分农田残留斑块，也很快被城市公园或高大建筑物所代替。在斥巨资改变场地原生环境建设城市文明的同时，又在花大力气保护郊区农田，倡导民众的耕地保护意识，这种矛盾的行为在城市建设和城市化过程中比比皆是。倡导保留场地中的农田，甚至将农作物作为城市绿地、城市公园中的主要植被，将大面积的农田作为城市功能体的背景，高产农田渗入市区，而城市机体延伸入农田之中，将农田与城市绿地系统相结合，成为城市景观的绿色基质或者重要斑块，以生态设计手法在保护农田生产功能的同时，发挥其生态功能。

（2）明确场地可利用的灌溉水源水质情况。

当生产性景观的设计概念明确之后，场地的雨水、富营养化水体就变成极为宝贵的“肥水”，可用于灌溉。在设计之时，需要通过监测数据分析明确灌溉水源、水质是否符合灌溉水标准，并针对当地实际情况进行灌溉方案设计。如果汇水区面源污染较小，雨水质量良好，河湖水质量也符合标准，则可以直接引水灌溉；也有可能由于初雨质量问题等原因，用于灌溉的水需要经过沉淀稳定等一些简单的前期预处理后再进行灌溉，这些预处理过程需要被考虑到设计方案之中。

（3）植物、水、土形成新的自平衡生态系统，由景观的塑造来复兴传统有机农业的循环。

生态性景观与常规的绿地、公园建设的差别，在于植物的配置，根据灌溉水源水质情况选择合适的粮食作物和经济作物作为主要的栽种植物。这些植物吸收了水和土壤中的营养物质，将清水灌溉于土地的同时，又结出丰硕的果实，通过收割植物将污染物从系统中去除。充分发挥植物、水和土壤整个自然系统的生产功能。不同深度的湿地可设计栽培特有种类的季节性农作物与花卉，创造一片随季节变化的农业景观。

（4）用生产性景观引导新文化和新美学。

像其他生态设计和建设项目一样，通过巧妙和艺术的设计，让市民和游客在公园中体验到美，可以休闲、游憩，也可以切实地观看到生态系统的运作，接受教育。生产性景观能够给予人们更多的体验和教育，都市里的人远离农耕劳作，在这里人们可以重新参与到播种、收割等农事劳动中，体验栽培、丰收的喜悦，重塑人与土地与自然的联系；可以亲眼见证曾经敬而远之、避之不及的“污水”是如何被有效利用，最终融为自然生命的一部分，变成累累的果实。

【案例 4.9】

4.9.1 案例概况与现状问题

东北某大学老校区，经过50多年发展，原有基地不能满足学校发展的需求，在开发区修建了新校区。新校区场地具有良好的生态环境，土地原本是农业用地，以种植稻禾为主，土地肥沃，为景观作物的生长和繁衍提供了良好的基本条件；新校区近邻浑河，地下水位较高，地下水丰富，形成了景观作物生长和繁衍的又一必要条件。

设计团队在新校园的总体规划和建筑设计基础上，受校方委托进行整体场地设计和校园环境规划设计，但面临工期紧、预算少两大难题。当时校园的建筑施工已经接近完成，花去了基建预算的绝大部分，用于景观设计及建设的经费奇缺；与此同时，建设工期非常紧迫，校方希望在最短时间内形成新校园的景观效果，迎接来年新生入校。

4.9.2 案例设计理念和目标

基于以上机遇与挑战，设计师提出恢复东北稻米的种植。东北稻米有150～200d的生长期，观赏期较长；与传统校园的花草管理相比，稻田的建设和管理成本低，技术要求低，几个普通农民就能很好地完成从播种到收割的全过程，且有收入；稻田景观见效快，几个月内就可以形成有着四季交替的独特景观；在为学生提供学习和休闲场所的同时，稻田景观具有深刻的教育和文化意义，成为大学独特的校园文化。将传统的城市景观空间赋予生产功能，意味着双倍的生态效用，既省去了高额的维护费用，同时又有产出。这是一种基于现实的景观实践，它重新定义了景观设计的新功能，这种新的功能意味着景观不仅仅是一个被动使用的空间，还是一个可以产出的系统，超越了“房屋是居住的机器”的现代主义的功能定义。

4.9.3 案例关键技术措施

4.9.3.1 生产性景观：稻田的设计

稻田景观由5组相同的长方形稻田组成，每组稻田都被道路和田埂分割成大小不同的长方形，象征着农村分田到户的政策。在每组稻田的中央均有一个正方形的读书台，它是“耕读”思想在现代的全新演绎。除了分割稻田的道路之外，田中还有几条斜穿稻田的道路，连接图书馆、食堂和教室，从形式上打破了方形稻田的严谨，从功能上确保了两点之间的最近距离。

4.9.3.2 雨水收集与灌溉系统

收集并利用雨水灌溉稻田，然后经稻田净化的雨水回归生产，其中的营养物质最终化作累累稻米。场地的雨水储存在稻田，并利用植物根系进行净化，最后蒸发和渗入地下，补给地下水。当雨水水量不能满足稻田灌溉时，将中央水系的水由水泵抽到稻田西北侧的水渠中，通过水管和埂道上的小孔流到田里。当田间水量超过水稻需求时，多余的水由场地东南侧地势较低的排水口排出，进入设计的湿地系统。稻田最大储水量约7200m^3，场地每年降雨产生的径流量约9万m^3，绝大部分可以储存在稻田，通过蒸发和下渗过程消耗掉。根据场地设计，当降雨强度小于70mm时，雨水可以全部通过稻田积蓄，超过70mm时，将被排出。

4.9.3.3 植物配置及生长

水稻从种子发芽到收割，生长期约200d，其中秧苗期约50d，为种子发芽到拔秧时期；返青分蘖期约45d，此期间包括秧苗插秧后生育停滞、恢复生长和根、茎、叶营养生长期；拔节孕穗期约1个月，为幼穗分化开始到长出穗的时期；抽穗扬花期约5～7d，是指稻穗从顶端茎鞘里抽出到开花的时间；灌浆结实期为稻穗开花后到谷粒成熟2个月的时间。稻田的生长特点能营造稻田景观区四季截然不同的景象。

4.9.3.4 游憩设施

稻田景观中设置了多种休憩设施，主要包括步道和座椅。稻田中的步道有2种：一种是中间有嵌草带的道路，这种道路两侧有挺拔的杨树，中间为嵌草带，它是以我国北方的防护林体系为原型，增强了稻田景观的田野气息。道路中间的嵌草带是专门留给乡土植物的，这既能体现农业景观的乡土气息，又能减少外来物种入侵的可能性。另一种是既没杨树也没嵌草带的道路。座椅有2种：一种是道路边缘的座椅，木质绿色长椅，来自于大学老校园；另一种是围合读书台的座椅，大理石材质。这些休憩设施给教职工和学生提供了在稻田穿行、散步、休憩、读书等活动的空间。

4.9.4 案例工程实施效果

该案例将雨洪管理与再利用相结合，收集校园内的雨水用于灌溉水稻。稻田在生产的同时，还满足校园休憩和启智等服务功能。

4.9.4.1 供给、调节和生命承载服务

东北地区年均降水为690mm，绝大部分降水可以通过稻田储存并加以利用。雨水收集后用于灌溉稻田，水中的营养物质被水稻吸收而最终转换成粮食，洁净的水能够回补地

下水，水在自然界所参与的循环-净化-生产过程，在一个建设区内经生产性景观得以恢复和重塑。同时，农田生态系统的保留为生物活动提供了栖息地。校园的稻田在秋天收获时，校园还鼓励老农来放羊；且有意保留2块未收割的稻田，引来上千只麻雀觅食。春夏季节，稻田放养了青蛙、淡水蟹、鱼虾；荷花池内投有鱼苗，常有大人和儿童到池里抓鱼为乐。

4.9.4.2 文化与社会服务

稻田景观建成十多年来，已经成为此大学校园文化中很重要的一部分。稻田作为文化象征写入了校歌“风吹稻香，沁染书香”，传统的“耕读”文化在这里有了新的演绎。每年的插秧节和丰收节越办越丰富，从最初让学生直接参与稻田劳动，发展到现在融入了诗歌、绘画、书法比赛等丰富课余生活的元素，成了此大学特有的节日。稻田景观为5万名左右的在校师生提供了了解“有机循环”农耕文化的机会。在大城市的学校里，对大多来自城市的学生而言，自然和耕作是遥远和陌生的，稻田景观让他们有机会回到真实的土地接触和了解农作物的播种、管理，感受收获的喜悦。

4.9.4.3 经济效益

稻田景观的经济效益主要体现在以下几个方面：

（1）因为尊重场地和当地乡土物种，直接节约了建设成本。稻田景观建设成本约为151万元人民币，约112元/m^2。相比之下，普通的景观造价大约600元/m^2。

（2）生产性景观能够直接生产产品，创造直接经济收益。稻田年产量受温度降水等因素影响，每年收成情况有所浮动，基本维持在3000～3500kg，脱壳后约2000～2300kg，校园稻田每年收获的水稻价值约50000元人民币。与人工草坪相比，稻田景观每年可节约维护管理费用约12万元，约占人工草坪维护管理费用的2/3。

【单元探索】

了解“污水”到“肥水”技术的主要内容、设计理念和技术措施。

单元4.10 生态系统服务仿生修复技术

【单元导航】

问题1：我国海绵城市为什么要采用生态系统服务仿生修复技术？

问题2：生态系统服务仿生修复技术的主要内容包括什么？

问题3：生态系统服务仿生修复技术的设计理念和目标是什么？

问题4：案例4.10的技术措施是什么？

问题5：案例4.10建成后的实施效果如何？

【单元解析】

快速城市化过程中，除了水体污染外，土壤污染和环境破坏也是在城市中最常遇到的亟待解决的生态问题。城市土壤是城市生态系统的重要组成部分，是城市绿色植物的生长介质和养分的供应者，是土壤微生物的栖息地和能量的来源，是城市污染物的汇集地和净化器，对城市的可持续发展有着重要意义。随着城市化进程的加速，人类活动产生的有害、有毒物质进入土壤，如酸雨问题导致的土壤酸化现象；工业企业由于工艺水平落后、管理粗放、环保意识淡薄等造成的土壤污染（俗称“棕地”）；土壤盐碱化等问题都是新城开发和旧城改造中经常要面对的土壤修复问题。土壤和水体的污染、绿色空间大量被城市建设所吞噬，河流、湿地等原本具有高生态系统服务价值的土地生态功能也在逐步退化。

针对土壤污染问题，城市建设中常采用覆盖等工程措施。但实践证明，这些方法造价昂贵，且难以持续，覆盖的土壤会受到自然环境和气候的侵蚀，如硫化铁等物质会随之氧化，由此产生的酸性物会扩散到土地中，对植被有害，造成进一步的侵蚀和损坏。针对环境破坏问题，更多的是从植被绿化入手，但往往事倍功半。头痛医头，脚痛医脚，短期而传统的工程已无法应对当前情况；同时，我国人地矛盾尖锐，圈起来保护的修复方式实施难度大。在很多土壤修复和环境修复过程中都忽略了一个重要的元素——水。水土不分家，水是生命之源，充分合理地利用水这一元素，往往能够实现场地系统生态的修复。

因此，提出生态系统仿生修复技术的目的在于，把待修复的土壤、湿地等环境系统视为生态系统服务的提供者，修复的过程同时又是提升生态系统服务的过程。本技术是以生态系统服务为导向的设计，即通过观察、研究和模拟自然系统的调节、供给、生命承载以及文化与精神的服务，实施一定的生态工程措施，以水为媒介开启自然的系统自我修复过程，让自然做功。

(1) 让自然做功。

生态工程与传统工程具有本质的区别，生态设计是依靠生态系统自设计和组织功能，由自然界选择合适的物种，形成合理的结构。人工的适度干扰，是为生态系统自设计和自组织创造必要条件。在生态修复中，有一种“无作为选择”，主要依靠生态系统自调节和自组织功能，让系统按照其自身规律运行和恢复，这也是该项技术最不同于常见的生态修复工程技术的核心理念。“生态系统服务仿生修复”强调的是，我们所做的不是替代自然，也不是统治自然，而是尊重自然系统的完整性和连续性，尊重水、土和生物等不同元素之间的内在作用机理，尊重物种的演替规律、分布格局和运动规律，在此基础上模拟自然和利用自然的自我修复功能。

(2) 构建多样化微地形组合。

微地形改造是指人类根据科学研究或改造自然的实际需求，有目的地对地表下垫面原有形态结构进行的二次改造和整理，形成的大小不等、形状各异的微地形和集水单元，能有效增加景观异质性、改变水文循环和物质迁移路径，其空间尺度一般在 0～1m 内波动。其实黄土高原、云南干热河谷、西班牙地中海及其他类似地区修建的鱼鳞坑、反坡台、水平阶、水平沟、水平槽、各类梯田，以及沟道内的谷坊和淤地坝等水利设施，都属于大小不一和形状各异的微地形改造措施。这项传统的适应性技术被现代科学所重视，已在湿地、采矿区、棕地、草地、森林恢复方面有所开展。地形的丰富性是仿生修复技术开展的基础，微地形改造的本质是通过调整水土接触面的理化、生物性质，改变微气候条件，创造微环境，让自然做功，实现场地自然演替和再生，开启自然过程，恢复生态系统服务。在实际设计和建设工程中多利用场地本身具有的地形差异，结合填挖方，营造具有梯级变化的丰富地形系统。

(3) 以水为媒构建相适应的乡土环境，开启自然演化过程。

因为生态系统修复过程涵盖了土、水和空气3个界面，为了确保与毗邻生态系统进行适当的物质流动和交流，所有生态系统修复应该以场地特征入手，在景观尺度上进行，而水是生态系统的核心和关键，所以采用水作为媒介进行生态系统修复是成功的关键。深浅不一的洼地收集的雨水量不同，越深的洼地，土壤饱和后水越深，雨水滞留时间也越长，甚至常年含水；越浅的洼地，雨水饱和后积水有限，甚至溢流入周边洼地。地形差异与水量差异会导致水热条件的差异，为营造丰富的环境奠定基础。利用土壤、水热条件的差异组合，通过乡土植物混播开启与微环境相适应的乡土自然群落演替过程，自然群落演替形成的植被在相互竞争平衡之后，系统更为复杂和稳定。

（4）构建市民游憩体验空间。

土地生态恢复的过程是人们可以感知的动态景观，洼地和水泡间的步道连接成网，雨水自流入水泡之中。每个类型的群落样地旁边设计解说牌，会对每个类型的自然系统包括水、植被和物种进行科普解说，在体验乡土景观之美的同时，获得关于地域生态系统保护的知识。

【案例4.10】

4.10.1 案例概况

某公园位于北方某城市中心城区。场地南临盘山道，西北朝向国道立交桥，占地22hm^2。东南两侧为城市干道，是公园与城市的活跃交界面，周边社区人口近30万。

4.10.2 案例现状问题

建园前场地是废弃的靶场，场地低洼，有鱼塘若干，场地内垃圾遍地，污水横流，盐碱化非常严重。市政府考虑到周围30万居民缺乏大型游憩绿地，决定在此地建设公园，希望改造原场地脏、乱、差的面貌。

4.10.3 案例设计理念和目标

场地处于北方某城市，平原、滩涂、湿地、低海拔和盐碱地是此处最广泛分布和常见的自然景观，地下水位很高，水系发达。微小的海拔变化都会带来地面土壤特性，包括水分和盐碱强度等物理化学特性的变化，这种变化最终都将反映在植物群落上，这种地域环境特征为公园设计带来灵感和启示，场地的低洼地既是公园设计的限制，也是机会。此公园的设计目标是以“生态系统服务仿生修复技术”为核心来解决土壤盐碱化和环境破坏问题，为城市提供多样化的生态系统服务，包括雨水收集、生物多样性保护、地域景观特色的恢复，以及为周围城市居民提供良好的游憩空间。设计的核心理念是开启自然过程，让自然做功，修复生态系统，使公园能为城市提供多样化的生态系统服务，而不是成为城市经济和环境的负担，形成高效能、低维护成本的生态型公园。

4.10.4 案例关键技术措施

4.10.4.1 环境设计

公园的环境设计核心在于微地形和水系网络的设计。通过地形设计，形成21个半径10～30m、海拔1～5m的坑塘洼地，这些坑塘洼地用来收集场地内的全部雨水。每个洼地都有不同的标高，海拔高差变化以10cm为单位，有深有浅，有的深水泡水深达1.5m，直接与地下水相连；有浅水泡；有季节性的水泡，即只在雨季有积水；有的在山丘之上，形成旱生洼地。不同的洼地具有不同的水分和盐碱条件，形成适宜于不同植物群落生长的环境。在营造地形的过程中，场地的生活垃圾就地利用，用于地形改造。

4.10.4.2　群落设计

由于每个小型湿地都有不同的标高，因而会有不同的水分和土壤的物化特性。根据水质和土壤的特性，选择不同的植物配置，形成与场地小环境适应的多种植物群落。群落的形成从种子开始，起初在每个低洼地和水泡四周播撒混合的植物种子，种子的选择是设计师根据地域景观的调查进行配置，应用适者生存的原理，形成适应性植物群落。只要条件合适，其他的本土物种也会自发侵入。雨季由于地下水位升高，有的会变成池塘，有的会变成湿地，有的会变成季节性的水泡，有的仍然是旱生洼地。由于季节性降雨的灌溉效果，旱生洼地的盐碱性土壤得到了改善，养分沉积到存储雨水较深的池塘中。这些群落是动态的，这种动态源于 2 个方面：一方面初始环境不能满足某些植物的生长，所以被播种的植物在生长过程中逐渐被淘汰；另一方面，一些没有人工播种的乡土植物，通过各种传媒不断进入多样化的环境，成为群落的有机组成部分。随着季节更替，多种水生、耐碱的乡土植物群落在各个洼地适应性地生长起来。尽管在盐碱地的树木难以生长，但由于水位和 pH 值细微的变化，公园的地被植物和湿地植被非常丰富。

4.10.4.3　游憩网络与解说系统设计

在修复前的自然生态本底上，引入步道系统和休息场所。团状林木种群在水泡之间配置，由当地最为强势的柳树作为基调树种，多个洼地和水泡内都有一个平台，伸入群落内部，使人有贴近群落体验的机会。洼地和水泡间的步道连接成网，雨水自流入水泡之中。在每个类型的群落样地旁边设计解说牌，对每个类型的自然系统，包括水、植被和物种进行科普解说，在体验乡土景观之美的同时，获得关于地域自然系统的知识。

4.10.5　案例工程实施效果

运用简单的填挖方技术，营造微地形，形成海绵体，收集酸性雨水，中和碱性土壤，修复城市棕地，形成一个能自我繁衍的生态系统，同时形成一个美丽的城市公园。让自然做功，将生态修复的过程变为提供生态系统服务的过程。

公园建成后实现了最初的设计目标：雨水滞留在洼地中；水敏感的适应性群落得以演替繁衍；植物出现了四季变化，产生“杂芜”的乡土植被之美。昔日的一块脏乱差的城市废弃地，在很短时间内经过简单的生态修复工程，成为具有雨洪蓄留、保护乡土生物多样性、环境教育与审美启智和提供游憩服务、多功能的生态型公园。公园的造价低廉，管理成本很低。总体上，项目通过地形改造，利用深浅不一的坑塘洼地收集、净化雨水，同时促进植物的自然演替，营造多样的环境，引导自发的生态修复，经济、高效地解决了场地的污染、环境退化、不可亲近等问题。

4.10.5.1　生态效益

设计人员后续对公园进行了使用后环境修复绩效的观察。采用当地降雨量数据［引自中国气象科学数据共享网，中国地面气候标准值年值数据集（1971—2000 年）］，根据不同地表径流系数，结合施工前后地形和分区图，进行径流公式的计算，可得出桥园公园的雨水收集量。年收集来自周边道路及屋顶雨水总计约 1.16×10^8L，回补地下水总量约 1.0×10^7L，所蓄积的雨洪水蓄滞量达到 7.8×10^7L，削减雨洪径流近乎 100%，约 3.2×10^7L。再利用 SWMM 软件进行模拟，对公园施工前后进行流域概化处理，建立模型。结果显示，建成后蒸发量减少一半以上，地表径流削减了一半以上，雨水下渗量增加更有利于回补地下水，见表4.10。

表4.10　公园建成前后SWMM分析表

暴雨频率/(次/年)	降雨量/mm	蒸发量/m^3		下渗量/m^3		表面径流/m^3		外溢量/m^3	
		建前	建后	建前	建后	建前	建后	建前	建后
1	9860	300	90	4270	8780	4027.33	163.84	0	0
2	12490	350	110	5390	11030	5190.94	288.41	0	0
3	14020	350	120	6040	12240	5874.17	486.54	0	0
5	15960	360	140	6850	13470	6756.26	1030.41	0	0
10	18590	370	150	7850	14780	8049.87	2174.98	160	0
20	21210	380	160	8700	15800	9493.48	3559.56	170	0
50	24690	390	170	9630	16950	11608.80	5571.56	172	10

通过生态系统服务仿生修复技术模块，新增乔木48种，草本91种，动物6种。增加了如迷迭香、黄帝菊、锦鸡儿、藿香蓟、一年蓬、决明、橐吾、杠板归等。2950棵遮荫树和8997m^2芦苇每年吸收碳约539t，价值约4.55万元。

公园原场地盐碱化严重，经生态系统服务仿生修复技术处理后，水体pH值从原本7.7降低至6.80，土壤pH值从7.7降至7，总体改善了水土质量。

4.10.5.2　经济效益

因植被随自然环境演替变化，相比传统公园灌溉型绿地，每年可节约近95.9万元。基于生态系统服务仿生修复技术模块建设的城市海绵体，维护管理方面无需除草、修剪、灌溉和施肥，可在维护成本上每年节约11.8万元。利用乡土植被播种、种植，不仅有利于雨洪管理、水质净化问题的修复，还可每年节约成本达3.1万元。公园南侧商业建筑出租每年可获利70万元。相比传统公园工程建设，可节约176.4元/m^2，也就是说，对于207267m^2场地的景观，可节约3656.2万元。场地铺装84.5m^3地面转采用旧枕木，在铺装费用上节省约16万元。

4.10.5.3　社会效益

现今，公园成为市民重要的休憩场所，年入园人数达到35万人。作为有审美启智和教育意义的园区，在学校和社区组织下，每年约600个孩童和500个学生参与公园的环境教育体验。根据问卷调查，周边有20000多位市民，普遍提高了对生态环境改善的认知，约83.2%的游客赞同公园的生态设计方式，提高了游憩体验。

【单元探索】

了解生态系统服务仿生修复技术的主要内容、设计理念和关键技术措施。

单元4.11　水岸生物技术

【单元导航】

问题1：我国海绵城市为什么要采用水岸生物技术？

问题 2：水岸生物技术的主要内容包括什么?

问题 3：水岸生物技术的设计理念是什么?

问题 4：案例 4.11 的技术措施是什么?

问题 5：案例 4.11 建成后的实施效果如何?

【单元解析】

河道渠化、硬化治理是通过采取一些工程措施，将天然河流改造成两岸近乎平行、规则的渠道。发展水运是大型河道渠化工程实施的一个重要原因。土堤坍塌、崩岸、水土流失造成山林滑坡和泥石流等均会堵塞航道，因而在全世界范围内逐步兴起了渠化治理以保障通航。对防洪排涝的全面控制则是开发渠化、硬化工程的另一重要原因，并在城市河道中普遍开展。河道渠化、硬化工程在短期内便利了人类对水的利用和控制，但是代价是沉重的，因为它也极大地改变了河流的自然状态，切断了很多已知以及尚未知晓的河流与土地、与自然万物的生态联系。与外界不断地进行物质能量交换，这是任何生命体以及生态系统所必须具备的过程，这一过程如同生物的呼吸，对于生命的维持不可或缺。钢筋水泥的渠化工程恰恰阻碍的就是河流与外界的交换过程，河流因此停止了呼吸，河流生态系统乃至整个区域生态系统服务也在逐步降低。

恢复河流生态系统，首要的任务就是反思一直以来盛行的河道渠化、硬化工程，对河流进行生态修复，去掉钢筋混凝土的束缚，恢复河流自然形态和自然驳岸，服务于自然生态系统需求；以生态手法维护河岸稳定，增强亲水性，服务于人类需求。这就是所谓的变灰（灰色基础设）为绿（绿色基础设施）、去硬（硬质化渠道化驳岸）还生（生态化驳岸）。

生态化的河道整治技术倡导遵循“道法自然”的原则，除满足防洪安全、岸坡冲刷侵蚀防护、环境美化和休闲游憩等目标外，同时还应兼顾维护各类生物栖息地及生态景观完整性和连续性的目标。

对硬质化驳岸进行改造，首先要根据原有河道及其周边地形、植被、土地利用状况确定不同的改造形式。常用的生态河道形式包括缓坡式、台田（或梯田）式、内河湿地式。缓坡式生态河道占地面积较大；台田或梯田式河道更多利用场地原有的高差进行改造；湿地内河系统依托于场地原有的坑塘系统和足够大的河岸空间进行建设。

生态护岸类型对于近自然化的水库，在满足整体稳定性条件下，还要采用植被防护措施，使之满足水流冲刷侵蚀作用下的局部抗侵蚀稳定定性要求，并有助于生物栖息地功能的加强。岸坡防护技术主要采取木、石、植物纤维等天然建筑材料，这些材料取自自然、表面多孔、内外透水，并且满足抗滑、抗坍塌及抗冲蚀等要求，对生物栖息地环境的冲击较小。在岸坡防护生态设计上，应根据河道岸坡的坡度、水流特点和土质条件等，综合选择确定适宜的结构形式。然后，再依据不同设计洪水流量和水位，验算岸坡及防护结构在重力、水流拖拽力、坡内渗流作用力和波浪吸力作用下的整体稳定性和局部稳定性。水岸生态工程主要包括土木工程护岸技术、生物工程护岸技术和复合护岸技术，其中复合护岸技术是土工护岸技术与生物工程护岸技术的综合体。土木工程护岸技术常采用抛石河岸、石笼护岸、铰接混凝土护岸和壕沟混凝土护岸等方法，壕沟混凝土护岸常采用活性树桩、活性柴笼、灌木压条、树枝捆扎、活性柴笼和浅桥式水岸、结点种植合格灌木柴排等方法。

植物种植一方面是为了固岸护坡，另一方面是为了营造不同的环境系统。生态河道一般涵盖了3种生态系统，其中位于洪水位以上区域，属于陆地生态系统；常水位以下属于河流生态系统；过渡区是处于漫滩水位与洪水位之间区域，部分时段会受到洪水泛滥的影响，是水陆生态系统的过渡带。浅水湿地环境：以水生、湿生植物为主，例如芦苇、千屈菜等，为鱼类和水禽提供栖息地；水陆交错带：分布于河岸低地，由于季节性被水淹没，植物选择应以耐干兼耐湿的本地植物为主，为两栖类、昆虫、鸟类提供栖息地；林地环境，分布于河岸高地，被水淹没风险低，但土壤湿润，宜选择耐水湿和喜水湿的乔木，环境搭配宜采用乔草结构，既为爬行类、哺乳类、昆虫类、鸟类提供栖息地。

在河道改造工程中按照法律规定，应符合现行的水利标准和防洪要求。但生态化的设计能够更弹性地应对那些冰冷而坚硬的数据。一方面可以针对不同的洪水重现期，设计弹性的防洪堤岸；另一方面，在既定重现期标准下，河道断面设计尊重水利设计断面，符合断面流量需求，适当考虑生态化驳岸减缓流速后对行洪量的影响，保障既定重现期标准下的行洪面积。

生态河道改造，除去硬质化河岸的同时也打破了河流与人之间的隔阂，在河岸改造中再充分地考虑人的亲水需求和游憩需求，则可以良好发挥河流生态系统的审美、启智和游憩、教育等文化服务功能。在亲水平台、步道等设施建设时，要尽量减少对自然的干扰，特别是对水过程的干扰，例如，铺装材料应采用可透水性材料，构筑物应适应洪水过程等。

【案例4.11】

4.11.1 案例概况

某护城河全长2000m，流域面积4km^2，穿越市中心，作为城市的排污通道和泄洪通道。

4.11.2 案例现状问题

4.11.2.1 水体形态

整条河道均为人工硬化河道，河岸两侧主要由混凝土砖墙围砌而成。护城河整体岸线较为单一，亲人性差，河流自身的生态净化功能丧失。

4.11.2.2 水体质量方面

周边生活污水大量排放，且没有相应的治理措施，并且由于暴雨径流的影响，导致水体污染严重。另外，硬质驳岸不利于河道的生态多样性，致使护城河自身自净功能丧失，经多年积累，河水污染日趋严重。

4.11.2.3 河道开放空间设计和利用

周边以居住用地为主，现状护城河多处被建筑、广场、停车场占用，导致河道连续性差。

4.11.2.4 现状资源的保留与利用

河边有成年树木，河道中管线支架可作为再利用资源，已有防洪堤的基础也可利用。

4.11.3 案例设计理念和目标

设计以“绿河”为主题，用自然化的岛岸将河流廊道串联起来，同时用木栈道创造亲水空间，在恢复场地自然环境的基础上，为当地居民提供一个连续的游憩系统，既恢复河流自然基底又满足市民的游憩休闲需求。

4.11.4 案例关键技术措施

4.11.4.1 打开硬质驳岸，修复自然生态岸线

河道生态化设计以河流动力学模型为依据，通过模拟河流的自然摆荡和洲岛的形成来恢复河流的自然形态；通过改造尽量恢复河道的自然形态，增加河流亲人尺度，同时增加趣味性；将硬质驳岸转变为软质河底以及驳岸，促进土壤呼吸以及生物分解。在河道中央加入滚水堰，可增加河水中氧气，促进生物活力。同时在河道中堆叠部分河心岛，种植绿色植物，在一定程度上减缓河水的流速，且植物的根系还可吸收大量水中大分子污染物。以上措施不仅可以提高河水的自净能力，更提高了河道的生态美观性。

4.11.4.2 相适应的生态驳岸

护城河整体驳岸类型以石笼式驳岸、梯田式驳岸、自然缓坡式驳岸和规则延展式驳岸4种样式为主。4种驳岸类型结合周边用地性质以及场地现状的不同，分布于不同河段。

石笼式驳岸：在两岸空间狭小的河段，利用石笼软化硬质堤岸。将石笼的形式应用于驳岸处理中，其柔性结构能适应河水的冲刷以及快速的水流，具有较强的稳定性。另外，水中的悬移物和淤泥沉淀于石缝中，有利于植物的生长。结合石笼设计出挑木平台为人们提供良好的亲水空间。

梯田式驳岸：两岸改造空间小、河道急转处，用梯田驳岸防止堤岸侵蚀。在面积较大的区域，运用跌落梯田式驳岸形式。在梯田中种植乔木以及地被植物，形成通透的景观视线，同时加大绿量；在面积较小的区域，不能种植大树，则以地被植物为梯田的植被主体。

自然缓坡式驳岸：在两岸空间大的河段，设计缓坡入水，利用植物根系、石头、自然木桩等固留底土。在坡度较陡的情况下可用干毛石进行护坡。坡度较缓的自然式缓坡驳岸，与水体交接自然连续，由于坡度不大，由少量石块以及地被种植固坡即可。

规则延展式驳岸：考虑人的活动需要，河流末段河面宽阔处，在石笼梯田外侧伸展连续平台，创造亲水空间。

4.11.4.3 乡土植被的配置

植被配置按照功能分区展开，共分为滨水绿化区、核心绿岛区、道路绿化区和平台广场绿化区4类，其中滨水绿化区和核心绿岛区会涉及多种环境的植物配置。

滨水绿化区：保留场地原有的柳树、杨树和其他大树，大量补植意杨，形成郁闭度较高的林下休憩空间；在临水局部位置，采取缓坡入水的形式，运用自然种植的手法，形成密林向疏林的过渡，给游人以阳光通透的体验；水边搭配湿生及水生植物，既具有观赏价值，对河岸也有良好的固土作用，同时在雨季对河水有一定的涵养与调节功能。

核心绿岛区：保留场地中原有的旱柳、垂柳等植被，新岛上种植以柽柳为主的小乔木，配以少量禾本科植物，边缘种植少量挺水植物固土，形成自然式岛屿景观。

道路绿化区。选取冠大荫浓、分枝点较高的乔木树种，可有效隔离外界噪音，过滤汽车尾气，净化环境。

平台广场绿化区：结合原有广场绿化，以树阵式栽植高大阔叶乔木纯林为主，林下人流自由活动。以乡土树种为主，配以花卉等地被植物。

4.11.4.4 亲水空间设计

与原有的渠化河岸相比，生态驳岸的亲水性已经大大提高，在这个基础上，整个护城河生态廊道中还进行了专门的亲水空间设计。亲水空间以点、线结合的方式分布于整体护城河中，点状亲水空间分为一、二、三级，其中一级亲水空间结合现状场地改造设计成集中的市民活动休闲广场；二级亲水空间主要结合十字路口为人们提供小型的休闲场地；三级亲水空间结合周边居住用地营造出利用率极高的居民游憩空间。

4.11.5 案例工程实施效果

去硬还生的生态修复技术，营造了一条城市绿道，为生态雨洪管理、生物栖息地修复、市民的日常休憩活动提供了一处重要的生态基础设施。

【单元探索】

了解水岸生物技术的主要内容、设计理念和技术措施。

单元4.12 最少干预技术

【单元导航】

问题1：我国海绵城市为什么要采用最少干预技术？

问题2：最少干预技术的主要内容包括什么？

问题3：最少干预技术的设计理念和目标是什么？

问题4：案例4.12的技术措施是什么？

问题5：案例4.12建成后的实施效果如何？

【单元解析】

城市海绵系统（城市生态基础设施）建设中如何平衡保护自然与人类活动的矛盾是设计师面对的最常见的问题。水生态基础设施设计是一种生态设计，保护自然应该是它的首要原则。自然生态系统生生不息、不知疲倦，为维持人类生存和满足需要提供各种条件和服务，生态设计就是要让自然做功，强调人与自然过程的共生和合作关系，从更深层的意义上说，生态设计是一种最大限度借助于自然力的最少设计。这要求规划设计师在画图时惜墨如金，土方工程惜土如金，利用自然系统，以最少的工程量来实现海绵系统的建立。

为什么要保护自然？自然界没有废物。每一个健康的生态系统，都有一个完善的食物链和营养级；自然具有自组织或自我设计能力，整个地球都是在自我的设计中生存和延续着。在河道规划和设计中，面对杂草丛生，泥泞遍布的河漫滩，设计师们往往会忽视这些滩涂、植被的作用。洪水上涨，淹没河漫滩，其实为两岸生物提供了多种营养物质，而渠化的河道却切断了这些联系。河漫滩是矿物质、有机物质、污染物沉积和保留的区域，通过河流运输过程和提供的空间拦截，减少灾难性洪水的发生，并通过微生物和植物新陈代谢活动来净化水质。河边滩涂湿地提供多种生态系统服务，包括提供栖息地、污染物去除、洪水滞蓄，以及微气候的形成等。海岸带作为陆地和海洋的交汇处，生物、旅游、经济价值明显，沿海湿地作为水文系统的重要环节，为鸟类、小型哺乳动物、爬行避难所，也是一个极其重要的鱼类产卵区。就连一直被视为“未利用土地”的沼泽地也有着重要的生态系统服务功能。自然系统的丰富性和复杂性远远超出人为的设计能力，与其过多地人为设计，不如开启自然的自组织或自我设计过程。在改变之前，需要思考一下，如何以尽可能少的干预来尊重自然系统的伟大。

最小干预的做法在古时都江堰的修筑上就有绝好体现，即“深淘滩，浅作堰”，用最少的技术获得最大的收获；以最少的投入，获得最大的利益。在收获水利的同时对自然和生物过程施以最小的干预，获得最长久的收益。但现在唯技术至上的时代，最小干预设计的传统却逐渐消逝，在近 30 年的快速城市化和工业化过程中，很多对水生态系统的“保护”，本质上是“以生态之名反生态之实”的旅游开发、休闲开发、公园开发等，在投资充足的情况下，不惜成本地改造原本稳定的场地生态环境。此外，中国的快速城镇化对土地的贪欲使河漫滩等未开发用地成为最易被侵占的对象。正是在上述背景下，应运而生了“保护自然的最小干预技术模块”，在各类“绿地系统规划”、“水系规划”和“生态公园建设”填平和改造自然的河流、坑塘和沟壑之前，优先保护自然。该技术的核心目标在于：一方面达到社会需求与生态环境功能的完美统一，使自然与人类生活有良好的结合点；另一方面最大限度依靠自然做功而将人为干预降到最低。

保护自然的最少干预并非是简陋的设计，而是对水生态系统的理解，对自然发展过程的尊重，对物质能源的循环利用，对场地自我维持和可持续技术的倡导，对健康美学的发掘和对文化遗产的保留。关键性技术要点包括：

（1）发掘野草之美与乡土景观。很多场地在建设初始就已经是多种植物群落覆盖的自然或半自然之地，这些植物群落已经适应场地环境并占有特定的生态地位，要求工程中严格保护原有水域和湿地，以及现有植被，如避免河道的硬化，保持原河道的自然形态，对局部塌方河岸，采用生物护堤措施。在此基础上丰富乡土物种，增加水生和湿生植物，形成一个乡土植被的绿色基底。

（2）尊重并利用边缘效应。边缘效应，即在 2 个或多个不同的生态系统或景观元素的边缘地带有更活跃的能流和物流，具有丰富的物种和更高的生产力。建设水生态基础设施的最小干预技术需要关注水陆交界地带横向边缘效应、纵向边缘效应和垂向边缘效应。利用栖息岛、岸坡和缓冲带等横向边缘效应实现在城市环境中，对鸟类栖息、筑巢以及对鱼类繁衍、觅食、躲避、洄游等过程的保护；利用上游、中游、下游边缘效应和河口三角洲边缘效应提高生产力，增加物种多样性；利用雨水与植被、地表径流与土壤、土壤与地下水间的垂直边缘效应，保障生态系统安全、稳定、健康的发展。任何设计过程都尽量不扰动原有不同生态系统之间的交换活动，如河道的渠化，其实就是生硬的阻隔了水陆 2 个生态系统的物质能量交换过程。

（3）解读和体验自然而不留痕迹。自然的环境很丰富多样，有林地、草地、湿地及田园等。人在自然中的介入应该是很少的，应在不改变环境、不破坏地形、不砍一棵树的前提下，通过人类活动将不同场景和环境“串联”起来，将环境淋漓尽致地展现出来。人在这里主要是体验环境、感知环境和享用自然系统的服务。

（4）分离和漂浮：最少介入以满足人的活动需要。漂浮和分离是将人的休憩设施（包括栈道、平台和构筑物）离开地面和栖息地，以保障自然过程的完整性和连续性。这样设计可满足人的活动，还可以减少对自然系统的破坏，同时使设计的元素成为自然荒野景观的框架。

（5）创造性地将艺术融于自然之中。通过人文风光和高超艺术融入自然，可以实现在对自然进行最少干扰的同时，创造满足人类欲望的价值。

【案例4.12】

4.12.1 案例概况

项目位于某河的下游河段，总长度1.5km左右。设计范围总面积约14hm^2。此河段水位基本恒定。设计地段内两岸植被茂密，水生和湿生植物茂盛，有多种鱼类和鸟类生物在此栖息。

4.12.2 案例现状问题

设计河段在许多管理上的死角，水质较差。越来越多的城市居民把它当作游憩地，包括游泳、垂钓、体育锻炼、猎采等。下游河段两岸已经建成住宅，自然植被完全被“园林观赏植物”替代，大量的广场和硬地铺装等改变了河段的原生态绿廊，河流生态系统受到极大冲击。

4.12.3 案例设计理念和目标

为了实现城市化过程中对自然河道的保护，保留自然河流的绿色与蓝色基底，最少量地改变原有地形和植被以及历史遗留的人文痕迹，同时，满足城市人的休闲活动需要，创造当代人的景观体验空间。最具特色的是，方案在完全保留原有河流生态廊道的绿色基底上，引入城市绿色廊道。廊道两边可设环境解释系统、乡土植物标本种植、灯光等设施，用最小的干预，满足都市人对绿色环境的最大需求。

4.12.4 案例关键技术措施

保护河段两岸的荒野之美，保护场地原生的自然系统和乡土环境，这是项目设计方案中首要考虑的。

4.12.4.1 保护和完善蓝色和绿色基底

严格保护原有水域和湿地，严格保护现有植被。避免河道的硬化，保持原河道的自然形态，对局部塌方河岸，采用生物护堤措施。

在原来基础上丰富乡土物种，包括增加水生和湿生植物，形成一个乡土植被的绿色基底。场地周边保留了大量杨树林、槐树林，适当补植同种植物，以达到林木繁茂的景观效果，园内设置了休憩的茶座，供人赏花观草、品茶休憩。将河段两岸的废弃地改为宿根植物园区，通过宿根花卉的不同色彩，构成白色、蓝紫色、橙黄色和红粉色4个花园，周边包围茂密的树林，营造宜人的气氛。区域内除展示宿根花卉外，还利用场地内原有料场的建筑基底，设置茶室和景区服务中心，提供多样服务，同时，沿道路设置自然主题的凉亭、荫棚和花架。人们在品茶休憩的同时得到更多的视觉享受，了解到更多的植物知识。草本植物园也是在原有建筑基底中恢复出来的，位于场地西岸的北端，与宿根植物园隔河相望。

4.12.4.2 城市绿色廊道：步行、非机动车系统

沿河两岸都设有自行车道和步行道，并与城市道路系统相联系，以最少的干预增加了场地的可达性，满足了必要的交通服务要求。木栈道或穿越林丛或跨越湿地，使得公园成为漫步者的天堂。场地原有一条土路可供自行车穿越，自行车道的建立可在远期起到引导市民出行方式的作用及引导其两侧用地性质向城市绿地转化的功能。用最少的干预，获得都市人对绿色环境的最大需求。

4.12.5　案例工程实施效果

本案例展示了如何用最少的干预，使流经城市的河漫滩变成为城市公园。项目中，原有河漫滩的植被和栖息地得到最大限度的保留，在此自然本底之上，引入一条城市绿色廊道，成为时尚的游憩地，供游人散步和运动。最大限度地保留场地原生植被，也保护了原生自然系统的生态服务。

【单元探索】

了解最少干预技术的主要内容、设计理念和技术措施。

【项目练习】

一、判断题（请在对的题后括号中打“√”，错的打“×”）

1. 家庭海绵（家庭水生态基础设施）技术是对现有建筑进行绿色改造的一种有效方式。（　）

2. 对降落到屋面的雨水实施科学有效地管理，可以减少城市地表雨水径流量，进而减轻城市给排水设施以及污水处理设施的负荷，是实现绿色建筑理念的关键。（　）

3. 雨水花园实现了对自然雨水的吸收、存储、渗透、过滤、净化以及再利用的城市水生态体系构建过程。（　）

4. 城市雨洪管理滞蓄技术将中国传统的陂塘蓄水系统、桑基鱼塘技术、堰坝技术进行提升，并与当代雨水生态边沟和潜流湿地净化等技术相结合，配合短距离市政管网，构成源头雨洪滞蓄、净化和地下水回补的成套系统。（　）

5. 生态设计是依靠生态系统自设计和自组织功能，由自然界选择合适的物种，形成合理的结构。（　）

二、多选题

1. 绿色屋顶技术特点包括（　）。

A. 有效防止建筑表面渗漏

B. 蓄水、排水、阻根能力

C. 可任意拆卸移动

D. 轻型建筑绿化产品

E. 有效降低能耗

2. 下沉式绿地技术中，设计单位面积径流控制量 q_s 与下列哪些因素有关（　）。

A. 设施的顶部蓄水能力

B. 结构内部储水能力

C. 下渗性能

3. 对案例 4.5 中的老小区进行改造时，为了精细计算分析和设计生态基础设施的分布，需要对设计范围按照不同类型下垫面进行分区，分区的类型主要包括（　）。

A. 屋面

B. 透水铺装和不透水铺装

C. 庭院及死角

D. 截水沟调蓄池、下沉绿地等

4. 案例 4.7 中的现存问题是（　）。

A. 由于围垦造田（尤其是旱田）和“填河填湖”等，某江转变为人工管理下的工程化河流，逐渐丧失了自然泛洪、泄洪、生物等栖息功能

B. 河道硬化和渠化等工程措施，导致河流动力过程改变，水质严重恶化，两岸植被和生物栖息地被破坏，休闲价值损毁

C. 影响了某江防洪及黄岩区的自然、社会及文化等方面

5. 案例4.8的设计理念与目标是（　　）。

A. 建立一个可以复制的水系统生态净化模式

B. 吸取农业文明的造田和灌田智慧，让自然做功，形成低碳和负碳城市景观

C. 创立新的公园建造和管理模式

D. 生动注解“城市让生活更美好”的上海世博理念，向世界表达中国的环境危机意识以及面对危机努力寻求解决途径的信念

三、简答题

1. “海绵体”是指什么？包括哪些基础设施？

2. 案例4.3中，透水砖铺设技术主要是从哪几个方面考虑进行设计与建设的？

3. 案例4.4中，下沉式绿地技术中需要考虑的参数和指标各是什么，具体计算方法是什么？

4. 案例4.5中，雨水花园的设计方法是什么？

5. 案例4.6中，城市雨洪管理滞蓄技术主要从哪几个方面考虑进行设计与建设的？实施效果如何？

6. 案例4.8中，加强型城市人工湿地净化系统技术主要是从哪些方面考虑进行设计的？

7. 案例4.9中，“污水”到“肥水”技术主要是从哪些方面考虑进行设计的？带来了哪些益处？

8. 案例4.11中，水岸生物技术主要是从哪些方面考虑进行设计的？实施效果如何？

9. 案例4.12中，最少干预技术的关键性技术要点是什么？

参 考 文 献

[1] 俞孔坚，等. 海绵城市——理论与实践（上、下册）[M]. 北京：中国建筑工业出版社，2016.

[2] 柯思征，周昱，张昆，等. 容器种植在花园式种植屋面中的应用 [J]. 中国建筑防水，2014 (7)：24-26.

[3] 唐鸣放，王科，蒋琳，等. 屋顶绿化节能热工参数研究 [J]. 中国建筑防水，2010 (23)：18-21.

[4] 韩丽莉，柯思征，陈美铃. 容器式屋顶绿化在古建筑中的应用——以上海黄浦区政协人大屋顶绿化为例 [J]. 中国园林，2015 (11)：9-12.

[5] 王丹绮，王隆昌. 人行道透水性铺面之效果评估——以台北市北安路为例 [J]. 土木建筑与环境工程，2010，32 (2)：71-77.

[6] 张玉轻，付裕，韩可率，等. 透水性人行道在阜石路工程中的设计应用研究 [J]. 市政技术，2009，27 (4)：329-331+335.

[7] 杨兴莲. 浅谈人行道环保透水砖在市政道路工程设计中的应用 [J]. 民营科技，2013 (3)：255.

[8] DB11/T 686—2009，透水砖路面施工与验收规程 [S]. 北京：中国计划出版社，1997.

[9] 邢凤霞，谢永和. 透水性人行道施工控制 [J]. 市政技术，2008，26 (6)：481-482.

[10] 徐军，李晓磊，刘毅，等. 透水性人行道的应用试验研究 [J]. 上海公路，2007 (2)：10-11+16.

[11] 北京市市政设计院. 给水排水设计手册 [M]. 北京：中国建筑工业出版社，1986.

[12] 李丽霞，王俊岭，张雅君，等. 透水砖铺装在西长安街人行道翻建工程中的应用 [J]. 湖南交通科技，2017，43 (2)：275-278.

[13] 龙莉，李东，葛伟，等. 透水性人行道应用技术研究 [J]. 城市道桥与防洪，2009，1 (1)：67-70.

[14] 牛童. 基于海绵城市背景下的雨水花园规划设计探究 [D]. 青岛：青岛理工大学，2016.

[15] 伍业钢. 海绵城市设计：理念、技术、案例 [M]. 南京：江苏凤凰科学技术出版社，2015.

[16] 林莉峰，李田，李贺. 上海市城区非渗透性地面径流的污染特性研究 [J]. 环境科学，2007，28 (7)：1430-1434.

[17] DAVIS A P，HUNT W F，TRAVER R G，et al. Bioretention technology：overview of current practice and future needs [J]. Journal of Environmental Engineering Asce，2009，135 (3)：109-117.

[18] Princes George's County. The bioretention manual [S]. Prince George's County Government，Department of Environmental Protection. Watershed Protection Branch，Landover，MD，2002.

[19] 朋四海，黄俊杰，李田. 过滤型生物滞留池径流污染控制效果研究 [J]. 给水排水. 2014，40 (6)：38-42.

[20] 刘俊杰，王建军，马小杰. 云锦路下沉式绿地海绵城市效益分析 [J]. 中国市政工程，2016，(2)：33-39+114.